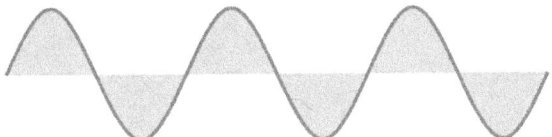

La Ciencia del
Sonido

(Segunda Edición)

Por Emanuel F. Gutiérrez

CONTENIDO

AGRADECIMIENTOS

Deseo agradecer a mi familia por todo su apoyo y paciencia durante este proceso. Mis estudiantes por colaborar conmigo en el mundo del sonido y enseñarme mientras yo les enseño. La Profa. Rebeca Franqui por verificar el texto y ofrecer su apoyo. A todos mis compañeros del Departamento de Comunicación Tele-Radial en Arecibo y la Universidad de Puerto Rico.

Capítulo I
¿Qué es el sonido?

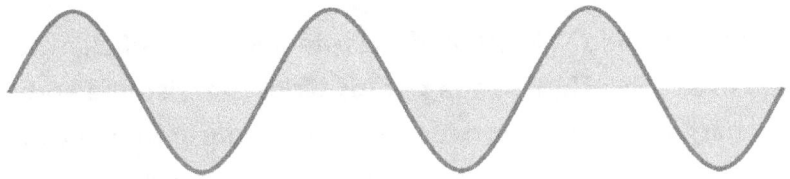

La Atmósfera y el Origen del Sonido

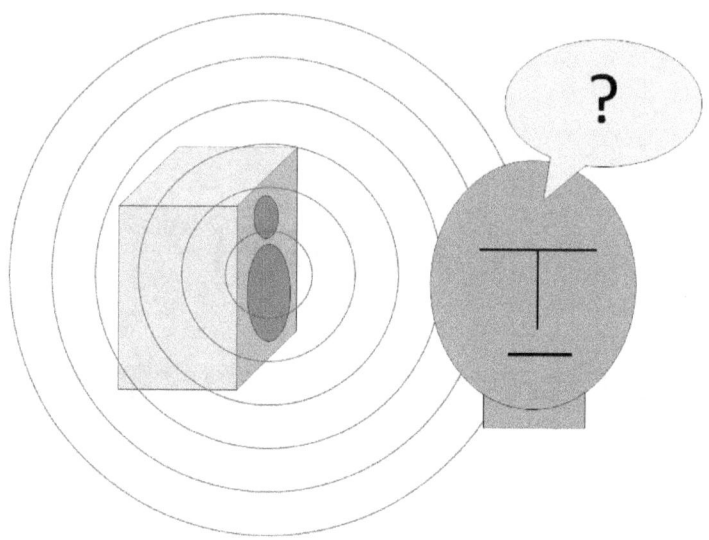

¿Qué es el sonido? Muchas de las definiciones señalan que el sonido es **la sensación creada por los oídos o el sistema auditivo**. Sin embargo, para comprender mejor este concepto que es parte de nuestro diario vivir, es importante reconocer que es un **fenómeno atmosférico**. Como pueden ver a continuación nuestro planeta Tierra está rodeado de una capa atmosférica que contiene varios gases y es la responsable de proveernos el aire que respiramos.

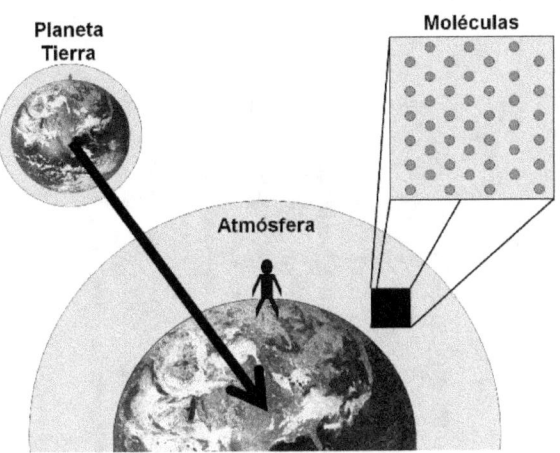

Sin el aire producto de la atmósfera no podríamos escuchar ningún tipo de sonido. Las moléculas que componen la atmósfera se atraen entre sí y se mantienen conectadas.

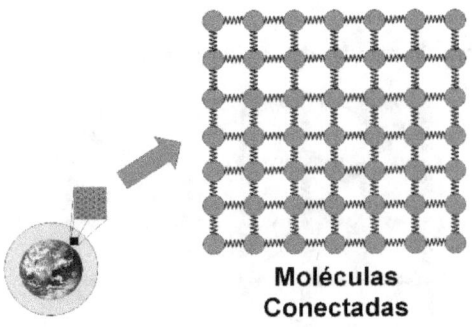

Este evento es el responsable del movimiento del sonido. Por esta razón, podemos decir que el sonido es considerado como **un producto de un disturbio atmosférico percibido por nuestros oídos**. El sonido, al igual que nuestra atmósfera, se ve afectado por ciertos eventos como cambios de temperatura, la química de los gases (el medio elástico) y los cambios de presiones atmosféricas. El movimiento de tan solo una molécula provoca cambios en las otras que están conectadas.

Molécula vibrando en el centro

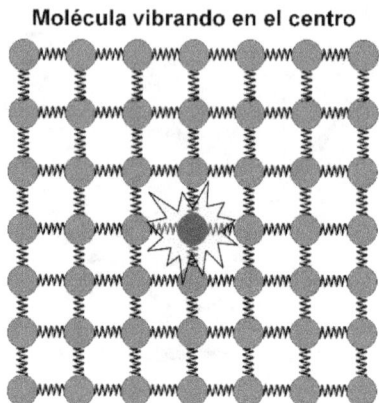

Esto se conoce como *"transmisión de energía mecánica"* la cual ocasiona el movimiento de la energía en todas las direcciones (omnidireccional).

Energía moviéndose omnidireccionalmente

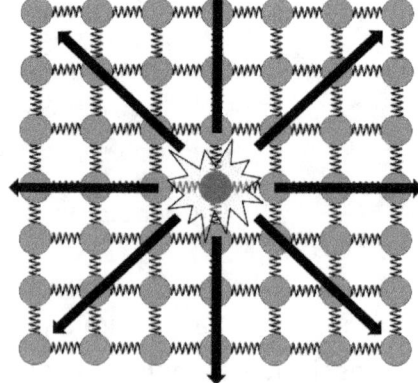

La energía en el centro se propaga hasta que se atenúa mientras viaja omnidireccionalmente hasta desaparecer. Este fenómeno es el que sucede con el sonido, sin embargo, no se puede ver de forma tan clara porque el sonido es invisible y viaja omnidireccionalmente en tres dimensiones.

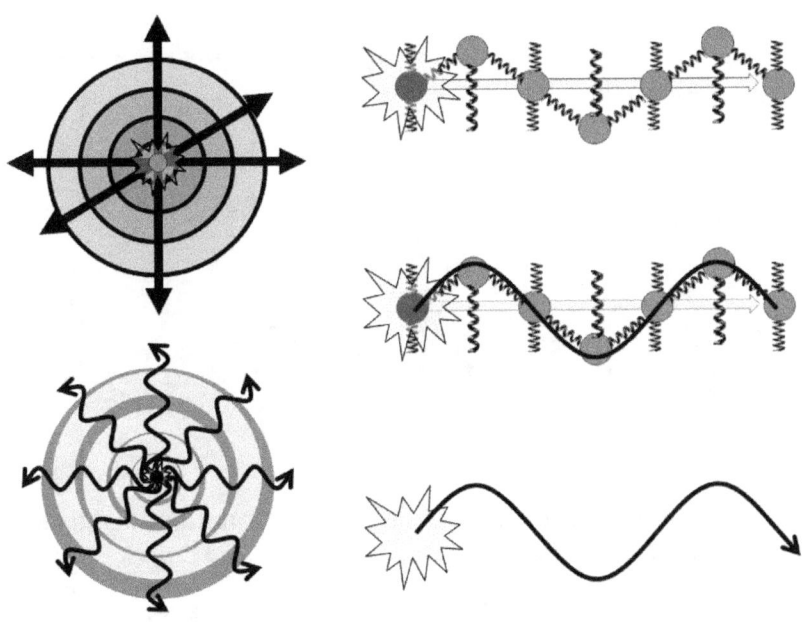

El sonido sigue siendo un gran misterio para muchos, pues no lo ven como un elemento del ambiente en el cual habitamos. Para dar una explicación más clara de cómo se crea el sonido, podemos pensar en un recipiente de agua. El agua, al igual que otros gases, es un medio fluido que mueve energía de un punto a otro.

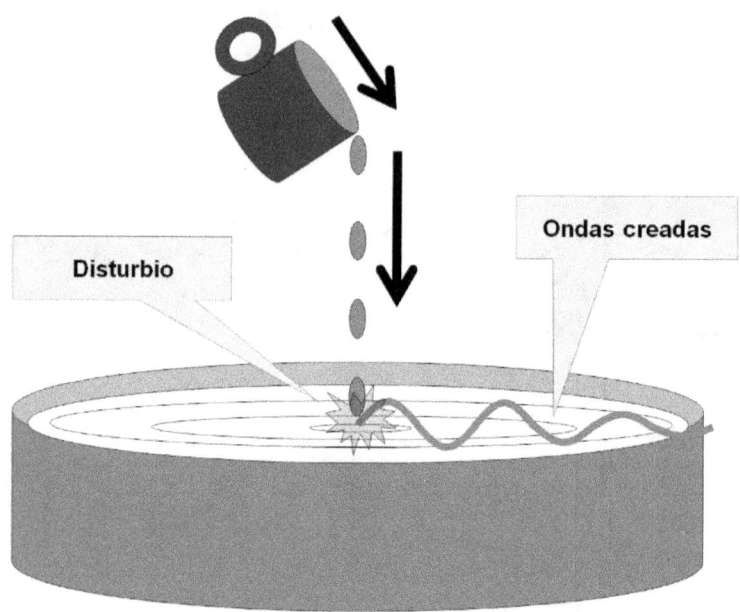

Si a un recipiente lleno de agua le comenzamos añadir gotas del mismo líquido justo en su centro, se comenzará a mover la superficie en forma de **ondas.** Las mismas se mueven en todas las direcciones del agua, aunque veamos solamente la superficie. Además, se puede notar cómo las ondas pierden su fuerza cuando se van alejando del centro de donde se originó el disturbio. Con este ejemplo podemos concluir que el *sonido es un disturbio que se mueve progresivamente en forma de ondas, siendo la atmósfera el medio necesario para crearlo.*

Las Ondas de Sonido

Las ondas de sonido poseen ciertas características universales que son estudiadas en la física y las matemáticas. Las ondas de sonidos simples se relacionan con funciones trigonométricas en las matemáticas. Esto se puede apreciar al tomar una calculadora gráfica y colocarle la siguiente función trigonométrica: **y = seno x**. El resultado de la fórmula es una onda con la siguiente forma:

Como los sonidos simples tienen la forma de la onda ilustrada con la función trigonométrica, podemos llamar las mismas **Ondas Sinusoidales.**

Existen diferentes tipos de ondas que tienen su función específica en el sonido. En la gráfica a continuación se ilustran las ondas básicas:

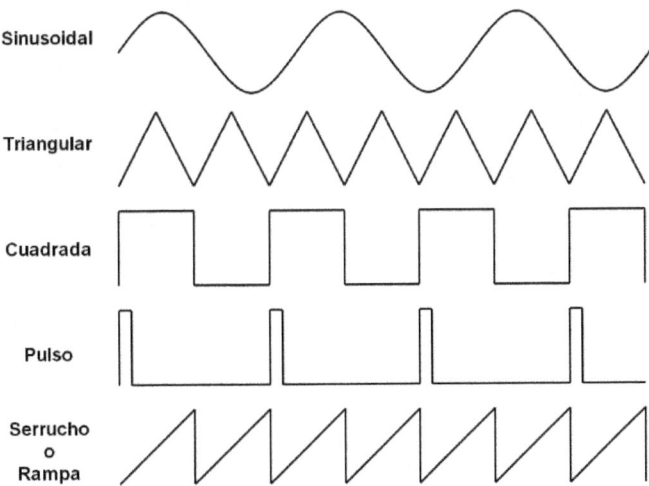

Todas estas ondas suenan diferente debido a los armónicos que cada una de ellas genera. Su aplicación varía particularmente en la composición de sonidos sintetizados electrónicamente.

Las **Ondas Sinusoidales** serán el punto de partida para discutir la importancia de las ondas para la creación de sonidos. Si observamos en la gráfica ilustrada a continuación podemos notar que cuando la onda sube su cresta es positiva y cuando baja es negativa. La cresta positiva representa la concentración de moléculas en esa parte de la atmósfera y las crestas negativas representan la ausencia o los vacíos de moléculas.

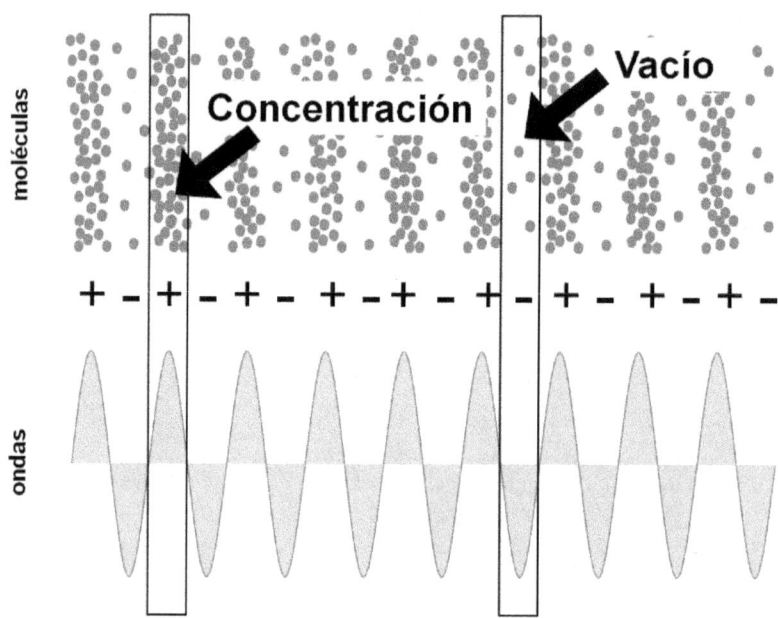

Con este análisis podemos concluir que el sonido es el resultado de concentraciones y vacíos de moléculas que se mueven progresivamente hacia nuestro mecanismo auditivo.

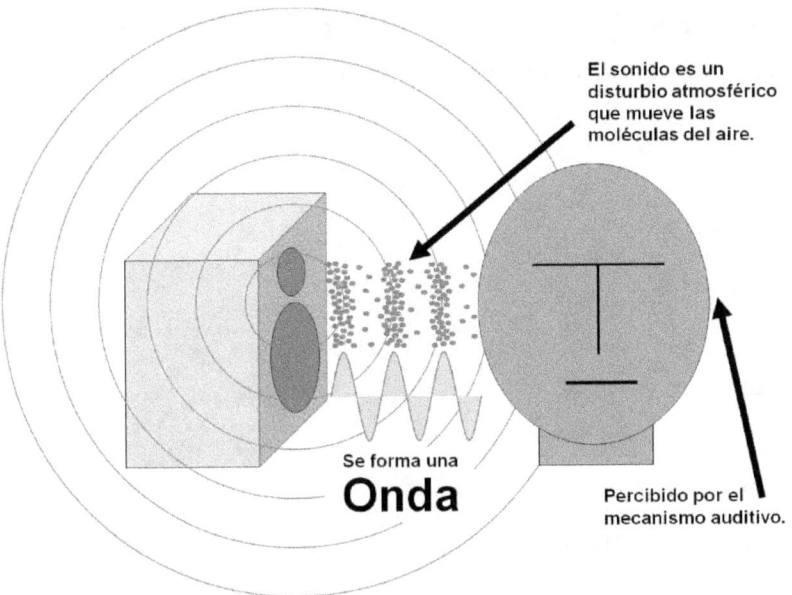

El sonido es un disturbio atmosférico que mueve las moléculas del aire.

Se forma una

Onda

Percibido por el mecanismo auditivo.

Características de la Onda y el Sonido

Cuando hablamos de sonido también es importante conocer las características de las ondas, ya que estas tienen una gran influencia para lograr un resultado óptimo en términos sonoros. En la gráfica a continuación se ilustran las características:

- Amplitud
- Frecuencia
- Fase
- Longitud
- Ciclos
- Períodos
- Función Sinusoidal
- Nivel
- Volumen (RMS)

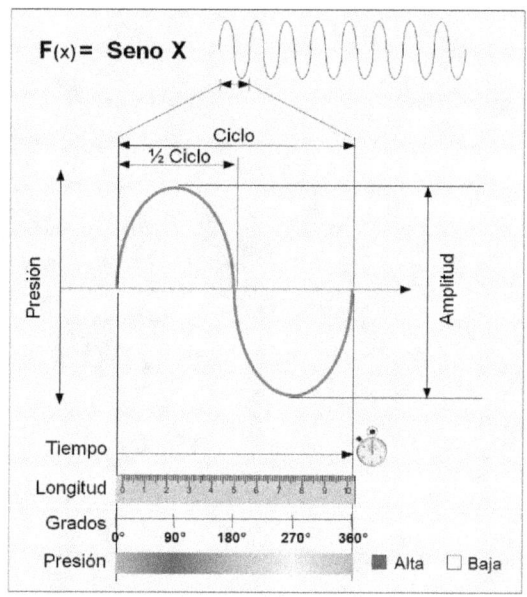

Para facilitar el entendimiento de las características se explicará cada una de ellas. Cabe señalar que es necesario conocer sus diferencias para poder utilizarlas adecuadamente en la producción de sonido.

Es importante mencionar que de aquí en adelante los términos en el texto se presentarán en español con su equivalente en inglés en paréntesis. Debo aclarar que algunos términos no existen formalmente en nuestro idioma y por tal razón este texto utilizará los términos en inglés. Esto se hace para facilitar a los hispanoparlantes el uso de las herramientas en ambos idiomas.

Amplitud o Nivel (Amplitude or Level)

La **amplitud** o **nivel** de la onda representa cuán grande o amplia es una onda medida desde su punto más bajo hacia el más alto. En audio esta amplitud generalmente se mide en **decibeles** (dB). La amplitud nos ayuda a determinar cuán fuerte o duro suena un sonido. Por lo general, mientras más amplia, más fuerte es el nivel y más fuerte suena a nuestros oídos.

La Amplitud de la Onda

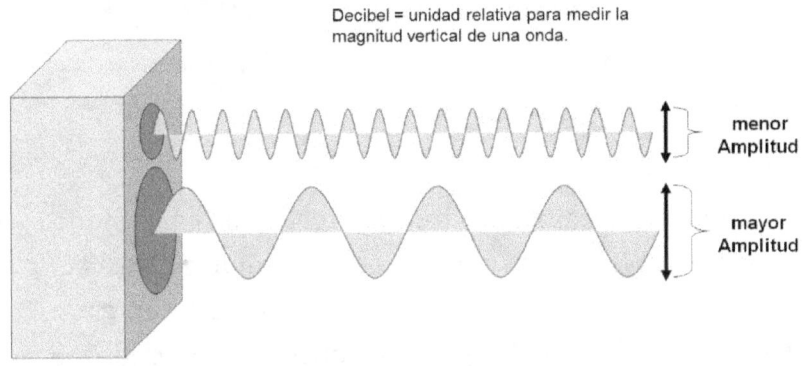

Decibel = unidad relativa para medir la magnitud vertical de una onda.

menor Amplitud

mayor Amplitud

Cuán Amplia es la Onda. Se mide en decibeles (dB)

El decibel es un décimo de un bel

Los decibeles son unidades creadas por el científico Alexander Graham Bell que se utilizan para medir nuestra sensibilidad de nivel o amplitud de una onda. Aunque existen variaciones de escalas con decibeles, en audio, las más utilizadas son los **dB-SPL** (nivel de presión de sonido) y el **dBu** (unidad de decibel eléctrico).

Estas escalas se usan en diferentes momentos. En la siguiente ilustración se presenta las diferencias.

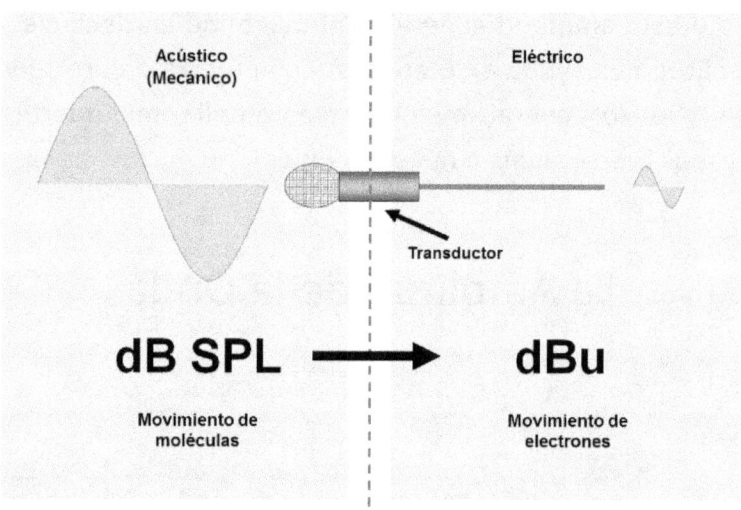

En el medio tenemos un transductor o un micrófono. Un transductor en términos científicos es cualquier artefacto que convierte un tipo de energía en otro tipo de energía. En la ilustración vemos que el micrófono convierte la energía mecánica de las moléculas (izquierda) en energía eléctrica (derecha). Es sumamente importante saber que el mundo molecular mecánico es diferente al mundo eléctrico. Por esta razón, se utilizan las dos escalas de decibel. La escala **dB-SPL** se refiere a los decibeles en el mundo Acústico (Mecánico) y la escala **dBu** se refiere a los decibeles en el mundo Eléctrico.

La siguiente tabla ilustra los niveles de sonido en la escala **dB-SPL**.

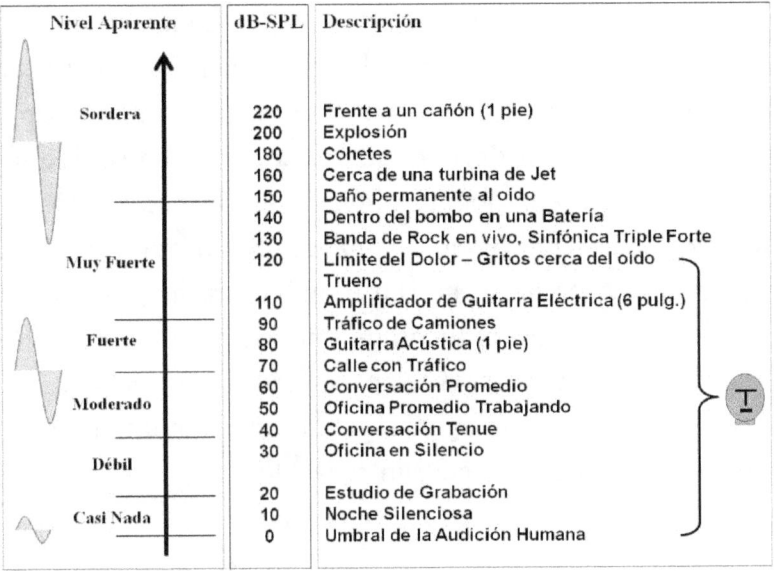

Nivel Aparente	dB-SPL	Descripción
Sordera	220	Frente a un cañón (1 pie)
	200	Explosión
	180	Cohetes
	160	Cerca de una turbina de Jet
	150	Daño permanente al oído
	140	Dentro del bombo en una Batería
	130	Banda de Rock en vivo, Sinfónica Triple Forte
Muy Fuerte	120	Límite del Dolor – Gritos cerca del oído
		Trueno
	110	Amplificador de Guitarra Eléctrica (6 pulg.)
	90	Tráfico de Camiones
Fuerte	80	Guitarra Acústica (1 pie)
	70	Calle con Tráfico
	60	Conversación Promedio
Moderado	50	Oficina Promedio Trabajando
	40	Conversación Tenue
	30	Oficina en Silencio
Débil		
	20	Estudio de Grabación
Casi Nada	10	Noche Silenciosa
	0	Umbral de la Audición Humana

Si analizamos la tabla podemos notar que el ser humano escucha aproximadamente de 0 a 120 dB-SPL. Aunque podríamos escuchar niveles más fuertes, no es recomendable ya que puede causar daño permanente a nuestros oídos. Además, tampoco se recomienda escuchar niveles de 80 - 90 dB-SPL por tiempos prolongados. Cabe señalar que gran parte del tiempo nos rodea un promedio de ruido ambiental de 30 dB-SPL, por lo cual, esta es una de las principales razones por las que los ambientes de 0 - 20 dB-SPL son muy difíciles de lograr.

Como nuestra atmósfera es acústicamente constante, la escala **dB-SPL** puede mantenerse igual. Sin embargo es diferente en el mundo eléctrico porque cada equipo cambia sus valores eléctricos y por esta razón se utiliza la escala **dBu**. Esta escala representa el nivel máximo que puede manejar el equipo eléctrico de sonido.

Como cada equipo puede tener especificaciones eléctricas diferentes sus valores máximos cambian también. Para poder trabajar con estos cambios de voltaje en los equipos, se le asignó un valor relativo de 0dBu como el nivel máximo de la escala. De igual manera que nos recomiendan escuchar como máximo un nivel de 120 dB-SPL, todavía podemos soportar un sonido mayor esporádicamente. Para lograr lo mismo en **dBu**, se le añade a la escala unos cuantos decibeles, llamados "Headroom", para incluir brincos esporádicos de nivel. En arquitectura el "Headroom" se refiere al espacio entre el techo de una estructura y la cabeza de una persona. De igual forma se aplicó este concepto al mundo del audio. En la siguiente imagen se comparan ambas escalas y se puede apreciar la equivalencia entre las dos.

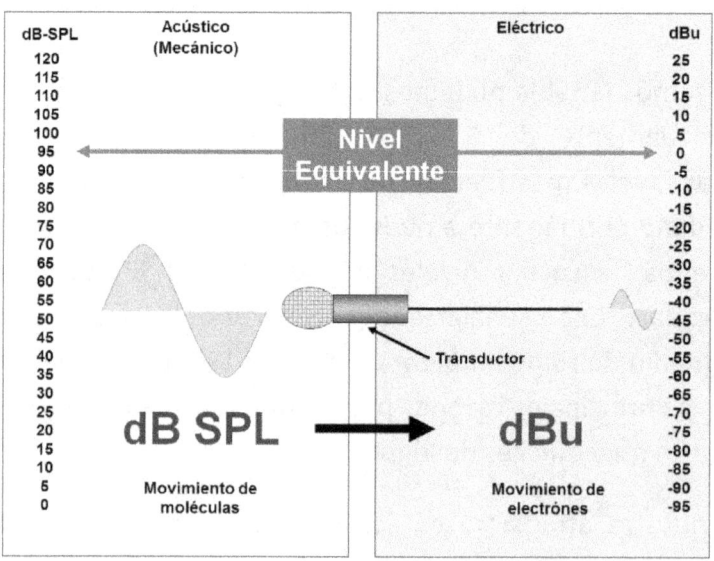

Cuando grabamos o mezclamos audio se recomienda calibrar los sonidos al nivel aproximado de 0dBu. El dB-SPL en términos prácticos sería el nivel de las bocinas que estás escuchando en el estudio. Pero en los circuitos internos de los equipos electrónicos se debe calibrar todo a 0dBu. En la ilustración, el 0dBu equivale a 95 dB-SPL, pero todo depende de la forma en la que se calibró el equipo. Desafortunadamente los manufactureros no siempre calibran de igual manera lo que ocasiona otros problemas a la hora de producir.

Es importante recalcar que en audio todos estos niveles utilizan los decibeles como referencia aunque no sean fáciles de medir por sus valores logarítmicos. Un decibel representa una décima de un **Bel,** que es el valor mínimo que puede diferenciar una persona. Trabajar con decibeles puede ser complicado al principio porque debemos entender bien la fórmula de que **tres decibeles equivalen a dos veces el nivel de energía en audio**. La siguiente imagen ilustra un ejemplo con bocinas.

Ejemplo de Niveles en dB-SPL

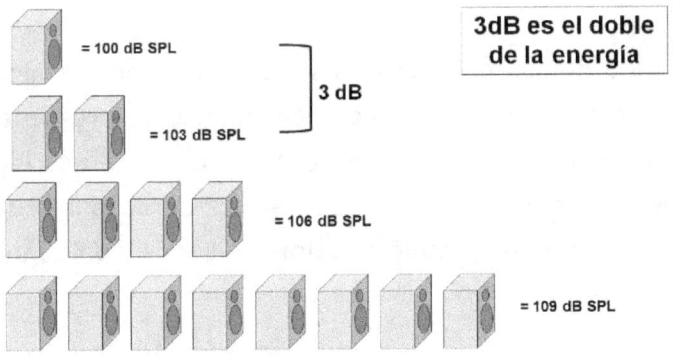

Una bocina reproduce 100 dB (arriba), sin embargo, dos bocinas iguales reproducen tres decibeles más (103 dB). Cada vez que se duplica el número de bocinas solo subimos 3 dB. En otras palabras, añadir 3dB a un concierto sería duplicar la cantidad de bocinas. Si queremos entender el valor de un decibel, es necesario conocer lo que es un logaritmo y la diferencia entre **escalas lineales** y **escalas logarítmicas**.

Escala Lineal

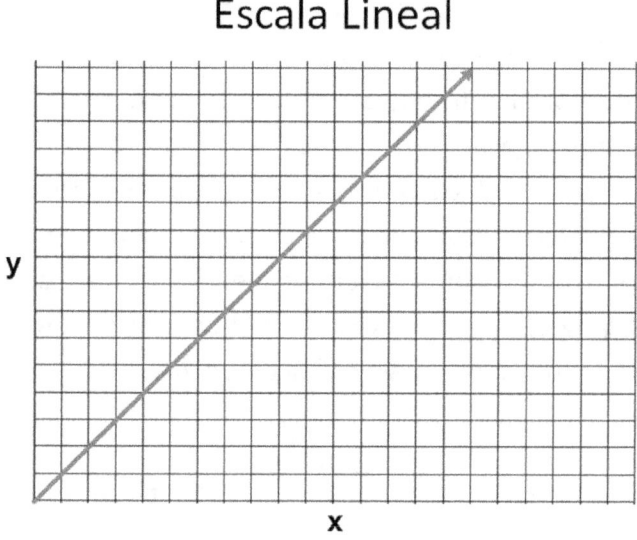

En el mundo de las matemáticas sencillas utilizamos valores fijos para contar y trabajar. Esto significa que los valores entre cada número se mantienen igual todo el tiempo. Si vemos la imagen podemos darnos cuenta que de izquierda a derecha los cuadrados son iguales. En este ejemplo el valor de la **x** es igual al de **y** todo el tiempo. Por ejemplo:

x = 0 1 2 3 4 5 6 7 8 9 10 11 12 13 14 15 16 17 18 19 20...
y = 0 1 2 3 4 5 6 7 8 9 10 11 12 13 14 15 16 17 18 19 20...

Escala Logarítmica

Esta escala se utiliza para trabajar con audio

En la siguiente escala logarítmica, de acuerdo a una fórmula logarítmica, los valores de **y** son cada vez mayor al valor de **x**. Por ejemplo:

x = 0 1 2 3 4 5 6 7 8 9 10 11 12 13 14 15 16 17 18 19 20...
y = 0 1 2 3 4 5 6 7 8 9 **10 20 30 40 50 60 70 80 90 100 200...**

Observen cómo el 18 es 90, 19 es 100 y así sucesivamente. Esto nos permite la representación de mucha información numérica en menos espacio. Si colocamos una escala al lado de la otra podemos ver una diferencia notable de números representados por cada espacio.

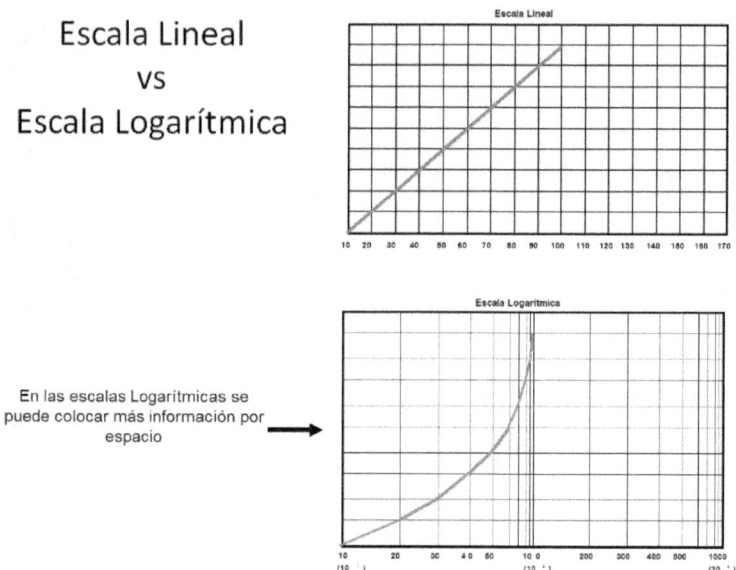

Escala Lineal
vs
Escala Logarítmica

En las escalas Logarítmicas se puede colocar más información por espacio

Podríamos visualizarlo también como si dobláramos un papel cuadriculado para comprimir los números representados en menos espacio y lograr un efecto logarítmico. Estas escalas se ven mucho en los "Faders" o controles de volumen o nivel en las consolas de sonido.

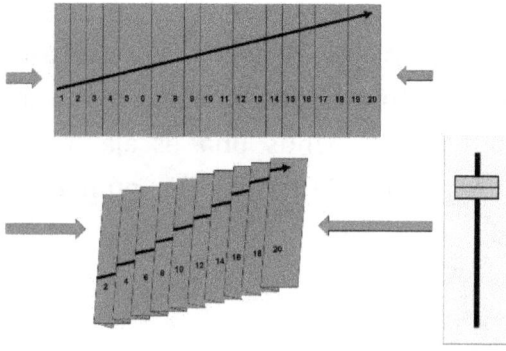

Volumen (Volume)

El **volumen** es la cantidad de energía que posee una onda. En la imagen presentada se puede ver cómo dos ondas tienen diferentes niveles de volumen. La onda a la izquierda tiene mucho más volumen que la onda a la derecha.

Amplitud vs Volumen

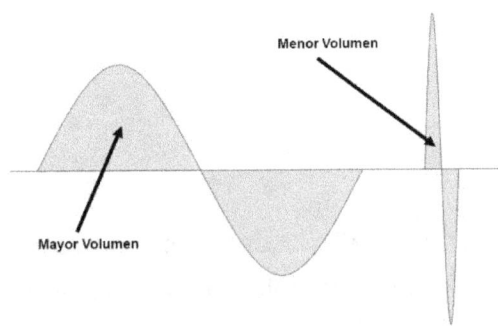

Cuando hablamos de volumen es importante prestar atención al contenido dentro de la onda y no a su altura o nivel. En la gráfica podemos notar cómo la onda a la derecha tiene mayor amplitud o nivel pero menor energía o volumen. Como nuestro mecanismo auditivo responde a niveles de volumen, la onda de la izquierda sonará más fuerte para nosotros. Actualmente, son muchos los que trabajan en sonido que piensan que la amplitud o nivel de una onda es lo único que se utiliza para determinar cuán fuerte es un sonido. Es importante recordar que la amplitud es la altura de una onda mientras el volumen es la cantidad de energía que contiene una onda. Si analizamos la próxima imagen podemos ver cómo la onda a la izquierda tiene menos nivel o amplitud, mientras que la de la derecha tiene mayor amplitud y mayor volumen o energía dentro. Esto quiere decir que no siempre la de mayor amplitud va a tener mayor volumen y viceversa.

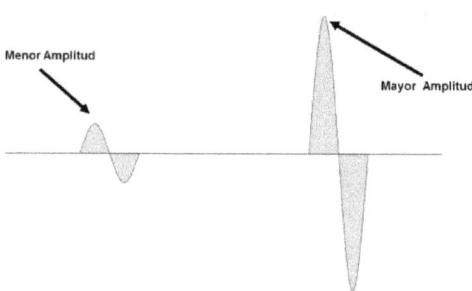

Para establecer claramente la diferencia entre la amplitud y el volumen utilizaremos de ejemplo un cono de helado. El cono de la izquierda tiene menos helado pero es más alto. Sin embargo, el helado a la derecha tiene mucho más helado pero no es tan alto. De forma similar nuestros oídos escuchan algunas ondas más fuertes aunque su nivel o amplitud no sea el más alto.

Amplitud (Nivel) vs Volumen

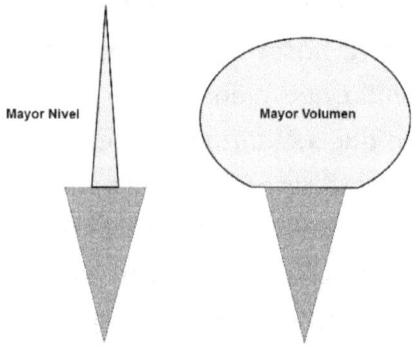

Frecuencia (Frequency)

Como se mencionó anteriormente, las ondas se componen de crestas o montañas que suben y que son seguidas por crestas negativas o valles que bajan. Un período o un ciclo es el transcurso de una onda desde su cresta positiva hasta su cresta negativa.

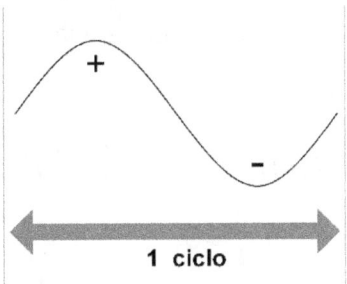

La cantidad de ciclos que ocurren en un segundo se conoce como **frecuencia**. La frecuencia representa cuán frecuente son los ciclos en un segundo y se mide en Hertz (Hz).

La Frecuencia de la Onda

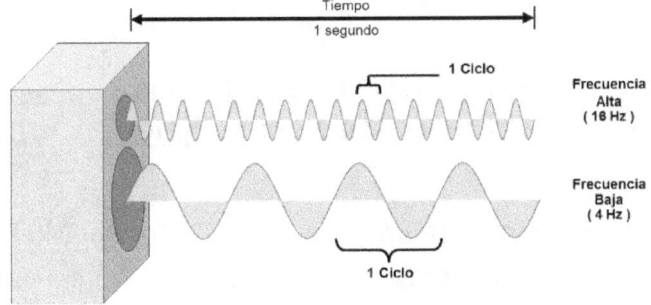

Cuán frecuente son los ciclos en un segundo. Se mide en Hertz (Hz)

En la imagen superior se ilustra el tiempo de un segundo y la cantidad de ciclos que ocurren dentro de ese segundo. Se puede notar que los ciclos de las frecuencias altas de 16 Hz (arriba) son más pequeños que los ciclos de frecuencias bajas de 4 Hz (abajo). Las frecuencias bajas suenan graves para nuestro oído, mientras que las frecuencias más altas suenan más agudas. De hecho, nuestro oído percibe frecuencias como tonos en la música. Un tono grave es una frecuencia baja, mientras que un tono agudo es una frecuencia alta. En la siguiente ilustración se muestra la relación del tono musical con la frecuencia.

Frecuencias en la Música

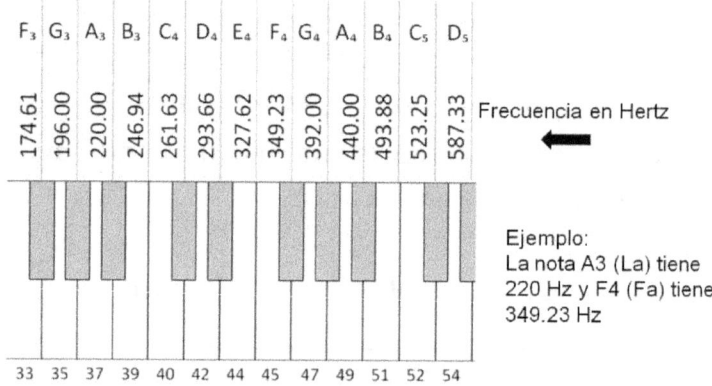

En la música identificamos
las Frecuencias como **Tonos**

Cada nota del piano tiene un tono musical (Do, Re, Mi, Fa... o C, D, E, F...), mientras que cada tono o nota del piano corresponde a una frecuencia. En términos musicales le llamamos notas (tonos) y en términos científicos le llamamos frecuencias. Se establece la diferencia ya que no tendría mucho sentido recordar una canción en términos de frecuencias numéricas y tampoco medir acústicamente una onda resonante de un cuarto por su tono musical. En la gráfica que se presenta a continuación se pueden observar ejemplos de ondas con diferentes frecuencias.

La Frecuencia de la Onda

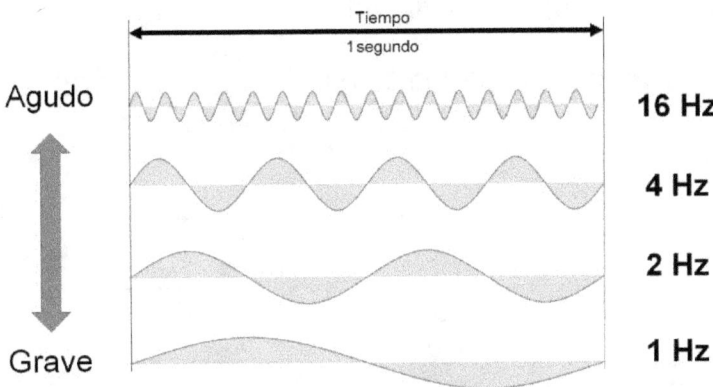

Cuán frecuente son los ciclos en un segundo. Se mide en Hertz (Hz)

Las ondas cambian según sus frecuencias. Podemos notar cómo la frecuencia de 16 hertz (Hz) tiene 16 ciclos o períodos que podemos contar. Mientras más baja es la frecuencia, más grave suena y más grande de izquierda a derecha es el ciclo de la onda. Ese tamaño de izquierda a derecha de un ciclo se conoce como la **Longitud de la Onda**.

Longitud (Wavelength)

La longitud es cuán larga es la onda de izquierda a derecha. Se mide en términos de tamaño utilizando las unidades de medidas de pies, metros, pulgadas o centímetros. Mientras más baja es la frecuencia más larga es la longitud.

Ejemplo de Longitudes de Ondas (adaptados a 70°F *)

Frecuencia	Longitud
20	56' 4"
40	28' 2"
80	14' 1"
160	7'
320	3' 6"
640	1' 9"
1280	10.5 "
2560	5.25 "
5120	2.5 "
10240	1.25 "
20480	.75 "

Fórmula:

$$\lambda = C / F$$

* C=1127 p/s a 70ºF

En la imagen superior se muestra la relación entre la Longitud y la Frecuencia utilizando una fórmula adaptada a una temperatura ambiental de 70 grados Fahrenheit. En el ejemplo, observamos cómo un ciclo de una onda de 20Hz mide 56' y 4", mientras que una onda de 160Hz mide 7' exactos.

En la siguiente ilustración se muestra cómo medir físicamente la longitud de las ondas.

Longitud de un Ciclo en una Onda

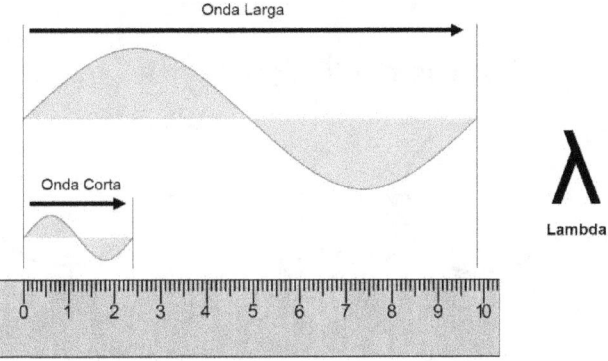

Cuantos pies o metros mide el ciclo de una onda. Se mide en Lambda

En la imagen podemos ver un ciclo de una frecuencia baja (arriba) y una alta (abajo) medida con una regla. En la ciencia y las matemáticas se refieren a la longitud de una onda como la letra lambda o el símbolo λ.

Fase (Phase)

La **fase** de una onda se refiere a la relación que existe en tiempo entre 2 ondas o más. La fase, al igual que los círculos, se mide en grados. En la próxima imagen se explica la relación entre la medida de los círculos y las ondas.

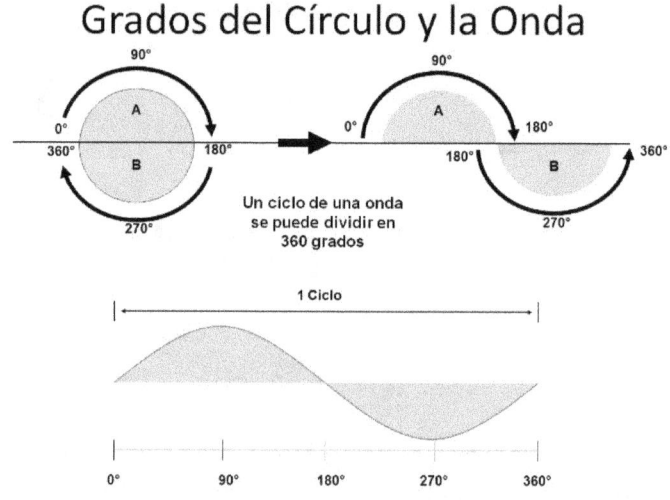

Los círculos, utilizando la geometría, se dividen en 360° grados. En la imagen anterior se puede ver que una onda es un círculo dividido por la mitad (arriba). Por lo tanto podemos relacionar las ondas como un movimiento circular, periódico, cíclico o repetitivo. Continuando con la ilustración arriba, medio ciclo es equivalente a 180° y cada cuarto de onda sería 90° (abajo). La fase nos indica en cuál parte de un ciclo o período nos encontramos sin importar la frecuencia o longitud medida. Lo esencial es entender que un ciclo de una onda, sin importar su frecuencia o longitud, se puede dividir en 360 pedazos llamados grados. El grado nos dice en cuál parte del ciclo nos encontramos o la diferencia de fase entre dos o más ondas.

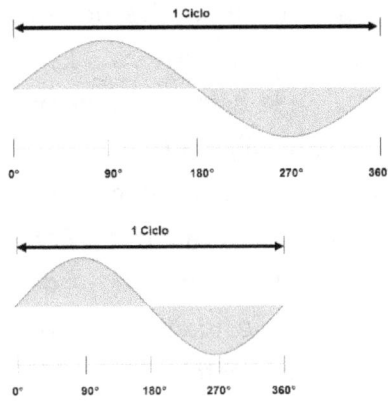

En el ejemplo de arriba notamos que, sin importar la frecuencia o longitud de la onda, podemos marcar en grados las partes de la onda. Esto es muy útil a la hora de alinear ondas que pueden, al combinarse, crear sonidos y cancelaciones no deseadas debido a que no comienzan al mismo punto. A continuación unos ejemplos de ondas fuera de fase sumadas para crear una cancelación (izquierda) y ondas en fase sumadas para crear una onda con más nivel (derecha).

Ondas fuera de fase y en fase

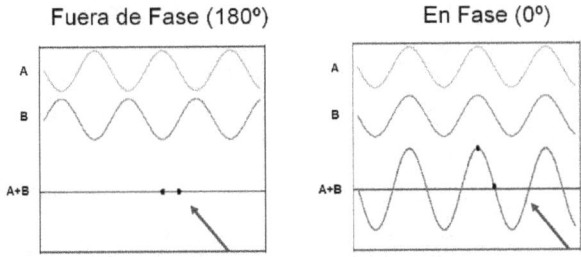

Velocidad (Velocity)

Como es muy bien sabido, las ondas de sonido se mueven muy rápido a través de nuestra atmósfera. Esto se conoce como la **velocidad del sonido**. En la física se menciona que el sonido viaja aproximadamente a 768 millas por hora. Este número cambia debido a que el sonido es el movimiento de una onda en un medio elástico o sea nuestra atmósfera. Por lo tanto, cambios en nuestra atmósfera como humedad, densidad, química y temperatura afectan la velocidad. En casi todos los casos de producción de audio estos factores no son considerados ya que por lo general sobrepasan los límites de nuestra percepción humana. Por ejemplo, una persona no puede determinar la temperatura o el tipo de aire de un cuarto por el sonido que escucha en una grabación. Sin embargo, hay equipos electrónicos que pueden realizar estas medidas de ser necesario.

En la siguiente ilustración se presenta una fórmula comúnmente utilizada para calcular la velocidad del sonido según la temperatura.

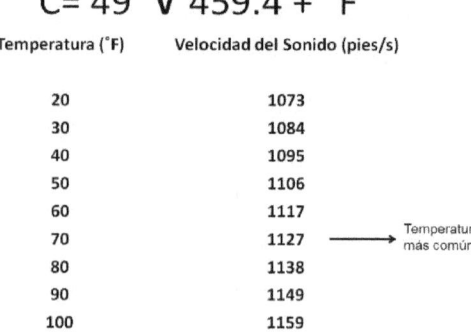

Velocidad del Sonido (pies/seg.)

$$C = 49 \sqrt{459.4 + {}^\circ F}$$

Temperatura (°F)	Velocidad del Sonido (pies/s)	
20	1073	
30	1084	
40	1095	
50	1106	
60	1117	
70	1127	→ Temperatura más común
80	1138	
90	1149	
100	1159	

En términos prácticos, ya que medimos en unidades de pies, utilizamos la velocidad del sonido en pies por segundo. De esta forma los valores obtenidos son más útiles. La fórmula dice que la temperatura en grados Fahrenheit se suma a la constante de 459.4 y luego se obtiene la raíz cuadrada de esta suma y se multiplica la misma por 49 para obtener la velocidad del sonido en pies por segundo. La tabla de arriba nos enseña las velocidades del sonido en las temperaturas que normalmente podemos habitar los seres humanos.

Dentro de estas temperaturas, la más cómoda es 70°F. Esta es la temperatura promedio en un estudio de grabación o ambiente de trabajo. Por tal motivo, la velocidad de 1127 pies/segundo es la más utilizada para nuestros propósitos. Debido a esto, casi todos los cálculos matemáticos en este libro utilizarán esta temperatura. En resumen, recuerden que en este libro el **C** (Velocidad de Sonido) se trabajará a los 70° Fahrenheit. Por lo tanto:

Velocidad del Sonido (Promedio)

C = 1127 pies/segundo

Armónicos (Harmonics)

Los **armónicos** son resultado del movimiento de las ondas. En muchos casos no se mencionan debido a su complejidad. A pesar de esto, es importante al menos entender el concepto ya que los armónicos explican muchos fenómenos del audio que son importantes en las ciencias del sonido y a la hora de mezclar una producción sonora. Cuando hablamos de armónicos en realidad nos referimos a **múltiplos de una onda que ocurren como resultado de su movimiento**. En la siguiente ilustración podemos ver que una frecuencia fundamental o inicial causa disturbios periódicos en nuestra atmósfera. Estos disturbios crean en cambio otras ondas menores a la onda fundamental que son múltiplos de la misma y como resultado acompañan todos los sonidos complejos.

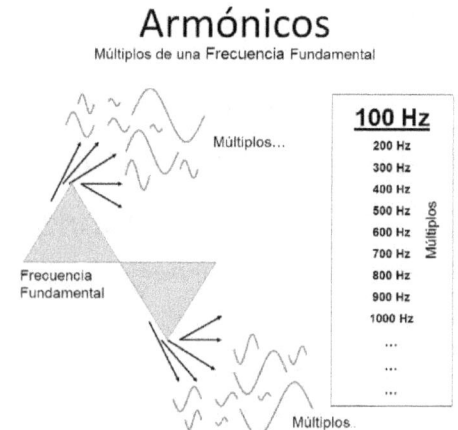

Armónicos

Múltiplos de una Frecuencia Fundamental

Por ejemplo, pueden observar arriba que una onda triangular de 100 Hz (100 ciclos por segundo) genera en cambio múltiplos de 100.

En otras palabras multiplicamos 100x1, 100x2, 100x3, etc. El resultado sería 100, 200, 300, 400, 500, 600, ... infinitamente. Por tal motivo, toda onda fundamental estará inevitablemente acompañada por armónicos. Estos armónicos naturalmente tienen un nivel menor que el de la onda original conocida como la fundamental o el primer armónico. Es interesante notar que mientras más drástico sea el cambio en la forma en una onda, más armónicos ocurrirán.

En esta ilustración se puede observar cómo cambian los armónicos según el flujo de las ondas. Aquí vemos cómo una onda fluida o sinusoidal prácticamente no genera armónicos. Mientras que, cambios abruptos (como en una onda serrucho) generan muchos armónicos.

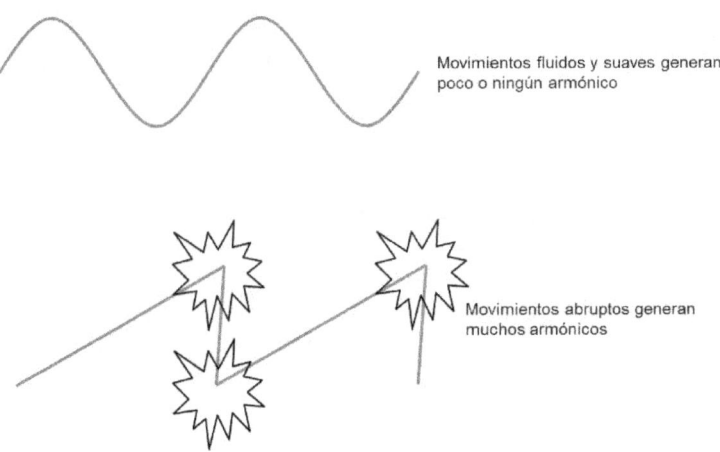

Movimientos fluidos y suaves generan poco o ningún armónico

Movimientos abruptos generan muchos armónicos

A continuación vemos ejemplos de los armónicos presentes con sus niveles para cada onda. Si pueden observar, la onda sinusoidal genera solo un armónico mientras que un pulso (similar a un transitorio o transiente) genera un alto contenido de armónicos complejos.

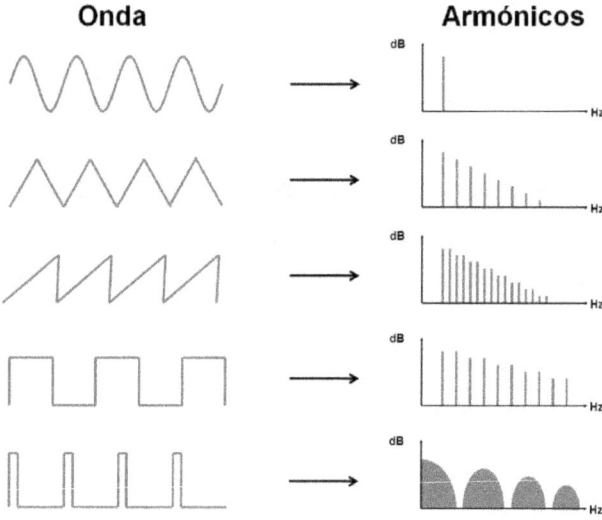

Tiempo (Time)

Otro factor obvio en el sonido, pero de suma importancia, es el **tiempo**. En el sonido podemos calcular cuánto tiempo se tarda el mismo en viajar una distancia determinada. Esto se puede realizar fácilmente con la fórmula **c = f λ**. Abundaremos un poco más sobre esto luego. El tiempo aproximado para que el sonido se mueva a través de nuestra atmósfera es de 1ms o .001 segundos por cada pie.

1 pie = 1ms

Para mantener las cosas sencillas, muchas veces utilizo el tiempo de un sonido promedio a una temperatura de 70° Fahrenheit para realizar algunos cálculos a la hora de grabar o mezclar. Por lo tanto, ayuda recordar lo mencionado arriba.

Sonido y el Tiempo

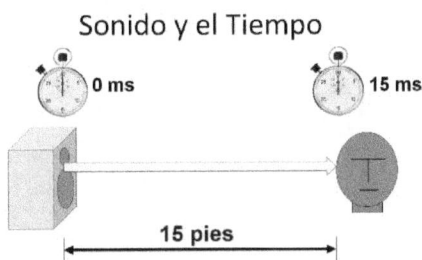

Cada pies equivale aproximadamente a 1ms o .001s de atraso.

Para aclarar este concepto presentamos arriba una persona y una bocina a 15 pies de distancia. Como el sonido se tarda 1ms por cada pie que viaja, el total en este caso son 15ms de atraso. Esto puede tener efectos no deseados en algunos casos por lo que se presentarán más ejemplos y aplicaciones en las próximas páginas.

Envoltura (Envelope)

La **envoltura** de un sonido, también conocida como ADSR, se refiere a los cambios de volumen o nivel que ocurren mientras evoluciona un sonido. Esto usualmente aplica a sonidos de instrumentos musicales y se divide en cuatro partes conocidas como Attack, Decay, Sustain y Release; de aquí el nombre ADSR. El período de **Attack** es cuando comienza un sonido. Este usualmente ocurre rápidamente. El **Decay** es una leve reducción que ocurre luego del attack o ataque inicial. El **Sustain** es el periodo donde el sonido se sostiene por tiempo definido. Algunos "sustains" pueden ser cortos y otros pueden ser muy largos, todo depende del instrumento musical o la fuente de sonido. Finalmente, llegamos al **Release** que es cuando se deja de tocar el instrumento, pero este continúa atenuándose poco a poco por un tiempo determinado hasta terminar en silencio.

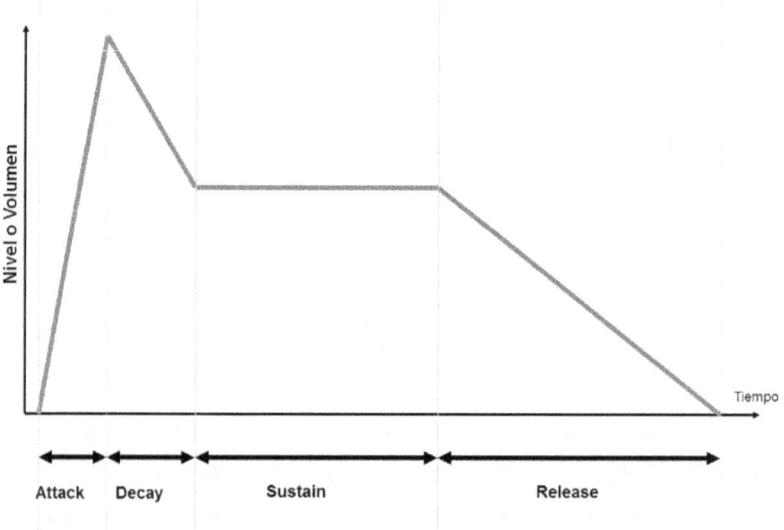

Prácticamente a toda onda o sonido se le pueden identificar los cuatro elementos de la envoltura o "envelope". A continuación veremos una percusión grabada. Aquí tomaremos un impacto de la percusión y se agrandará para ser estudiado por nosotros.

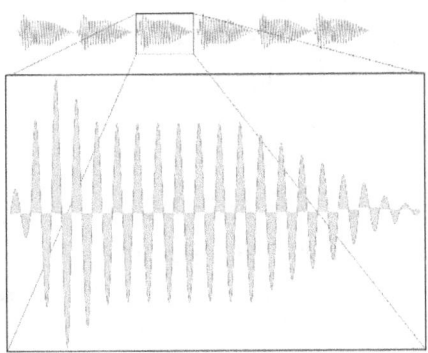

Como pueden apreciar arriba, cada impacto de la percusión tiene las cuatro partes de la Envoltura (ADSR).

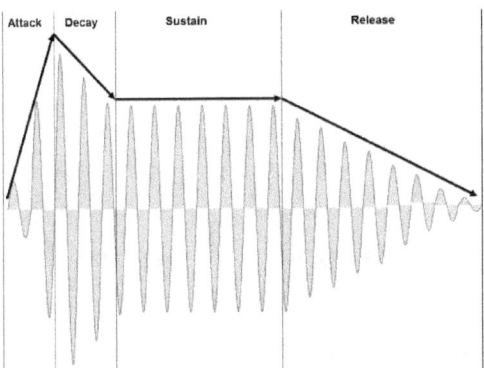

En esta siguiente ilustración se marcaron las cuatro partes de cada elemento del Envelope ya mencionado. Cada una de estas se puede medir en milisegundos o segundos para imitarlas o cambiarlas más tarde.

Atenuación (Attenuation)

La **atenuación** es **la pérdida de una onda mientras viaja y se riega a través de la atmósfera.** Esto hace que una onda pierda fuerza hasta desaparecer. Curiosamente, como la energía se distribuye de manera omnidireccional, por todos lados a la vez, la pérdida de energía es logarítmica. La siguiente ilustración nos explica cómo ocurre esto.

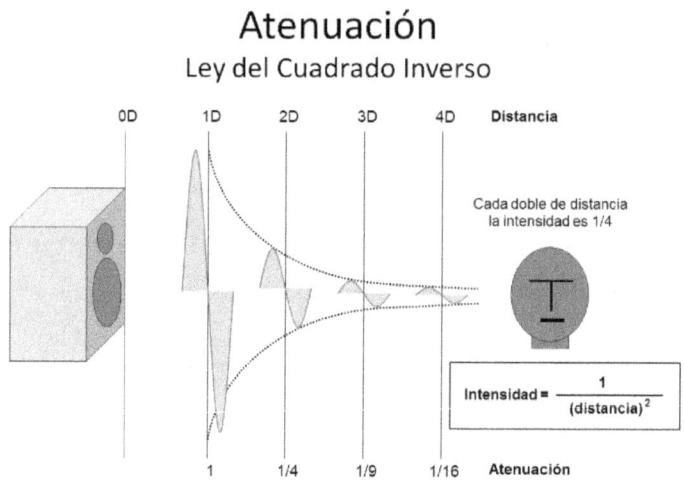

La intensidad de un sonido disminuye rápidamente con distancia

Si observamos arriba, la bocina está marcada por la distancia 0D. En la distancia 1D se presenta una onda marcada abajo por un 1 que significa una onda completa. Mientras viaja el sonido se va atenuando según los números de abajo. Observen cómo al doble de la distancia 2D el nivel es de 1/4. Luego en la distancia 3D baja a 1/9. Finalmente en la distancia 4D baja a 1/16 de la señal original. Si observan la forma de atenuación notarán que es curveada y no recta.

La atenuación es logarítmica según la **Ley del Cuadrado Inverso**. En términos prácticos, esto significa que una fuente de sonido, sea un instrumento musical o una bocina, perderá dramáticamente su nivel y volumen mientras más se aleja de su fuente. Esto es muy importante para determinar a cuál volumen o nivel escucharemos un sonido según la distancia a la que se encuentre de nosotros. A continuación un ejemplo de lo mencionado.

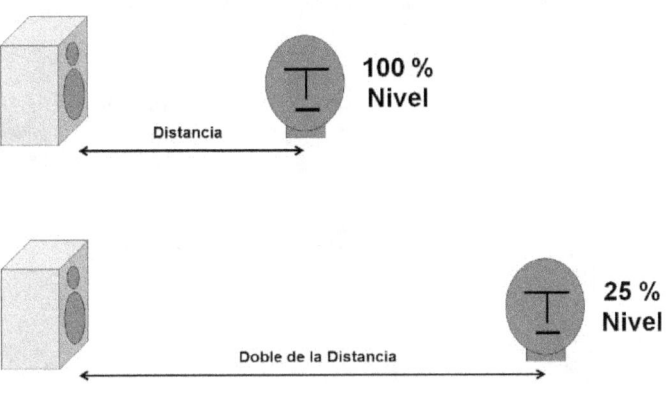

La intensidad de un sonido disminuye rápidamente con distancia

Transitorios o Transientes (Transients)

Un **transitorio** es una onda o sonido que ocurre rápidamente. En muchos casos estos sonidos ocurren tan rápido que muchos micrófonos y equipos no pueden detectarlos y mucho menos procesarlos.

Transiente

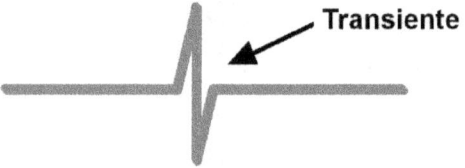

Transiente = Un sonido que comienza con un ataque pronunciado seguido por un decay y release rápido.

Los transitorios o transientes son muy importantes a la hora trabajar pues encierran en ellos el impacto de los instrumentos de percusión y usualmente el ataque de muchos instrumentos importantes como las guitarras y pianos, entre otros. La meta es siempre tratar de preservar los transitorios de la mejor manera posible. En algunos casos se pueden acentuar con procesadores para hacer que ciertos instrumentos suenen mejor.

Formantes (Formants)

Los **formantes** son concentraciones espectrales de frecuencias encontrados en casi todos los sonidos naturales. Se pueden observar como las siluetas de picos que resaltan en un sonido.

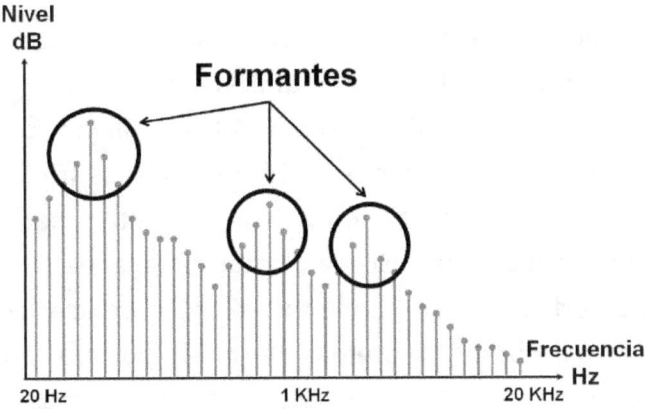

En el ejemplo arriba, podemos ver un Análisis de Espectro de un sonido que tiene tres formantes. Estos son importantes ya que nuestro cerebro utiliza los formantes para memorizar o identificar sonidos, por tal razón es importante preservarlos. En algunas situaciones se pueden acentuar para ayudar a destacar instrumentos en mezclas de muchos instrumentos o para dar más definición a grabaciones existentes.

Ruido y Distorción (Noise and Distortion)

El ruido es cuando una onda se combina con otra u otras ondas no deseadas. El término clave aquí es "no deseada". Una onda puede ser combinada con otra u otras ondas y ser algo deseado. En ese caso no hay problema. Lo que usualmente ocurre con el ruido es que son muchas ondas no deseadas. Cabe mencionar que en el mundo del audio utilizamos el ruido como una herramienta. Un ejemplo de ruido útil se le llama **ruido blanco**. Este ruido blanco es la combinación de todas las frecuencias que podemos escuchar combinadas erráticamente para crear un sonido similar al de una cascada o catarata de agua. Este ruido se considera perfecto ya que tiene todas las frecuencias combinadas y se utiliza para calibrar sistemas de sonido porque son fáciles de identificar y medir. Más adelante hablaremos más sobre este particular. En la ilustración a continuación vemos a la izquierda una onda sinusoidal sencilla. A la derecha-abajo, vemos cómo la onda original tiene ruido y este se ve como si la onda estuviera llena de artefactos que parecen cabellos.

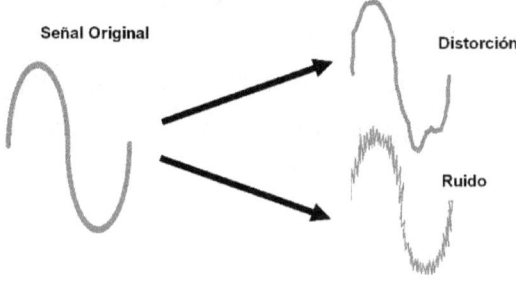

Aunque parece gracioso, una onda con ruido se ve "peluda", especialmente si tiene ruido blanco.

A diferencia del ruido, **la distorsión es cuando una onda original cambia su forma** pero sigue limpia de ruido (derecha-arriba). En casos extremos, el ruido puede ser tanto que causa distorsión o la distorsión puede ser tanta que puede crear ruido. La manera más sencilla de entender esto es mirando el ruido como sucio. El sucio se puede remover al igual que el ruido en una onda. A diferencia, la distorsión se puede ver como mutilación, una vez se mutila una onda es muy difícil o imposible regresarla a su estado original.

Muchas veces el ruido se utiliza en procesos de audio para mejorar el audio en conversiones digitales. Esto logra que la onda suene más natural hasta cierto límite. La distorsión, en cambio, se puede utilizar a veces para dar más presencia a ciertos instrumentos en mezclas complicadas de música o para agrandar el contenido armónico de un instrumento haciéndolo más distintivo. Por supuesto, la clave de esto existe en la prudencia y moderación.

Respuestas o Espectro de Frecuencias (Frequency Response or Spectrum)

En el mundo de audio, constantemente se habla de frecuencias. Debido a su importancia, existen varias maneras de visualizarlas. Una de estas es a través del **espectro de frecuencias**. Sabemos, según estudios realizados en oídos humanos, que nuestra percepción promedio de frecuencias se encuentra entre 20Hz – 20,000Hz. En el mundo de la ingeniería evitamos números grandes utilizando el prefijo de Kilo- (abreviado con una letra K) frente a los números que ascienden a mil. Por tal razón, los 20,000 Hz se convierten a 20 KHz. En resumen, el ser humano escucha de 20Hz a 20KHz. Esto es una referencia que se repetirá en audio una y otra vez. Claro, recuerden que este es un promedio. La mayoría de los adultos dejan de escuchar las frecuencias altas con el tiempo.

Teóricamente percibimos frecuencias de:

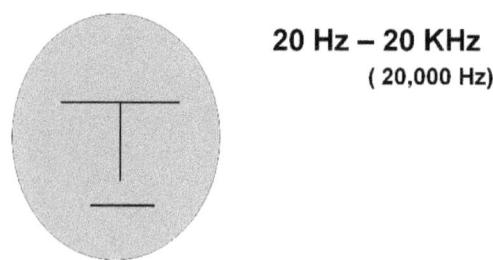

20 Hz – 20 KHz
(20,000 Hz)

Este rango de frecuencias que "escuchamos" se les llama el espectro de frecuencias. La palabra espectro es otra manera de decir: una lista.

Cuando hablamos del espectro de frecuencias que escucha una persona nos referimos al listado de frecuencias que podemos percibir. Esta lista o espectro usualmente se ilustra de izquierda a derecha como pueden ver a continuación.

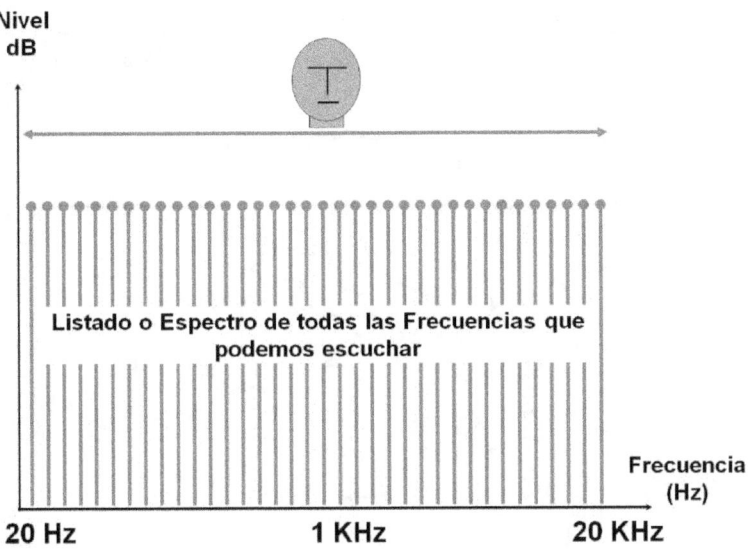

Arriba podemos ver el espectro completo de la percepción humana de frecuencias desde los 20 Hz hasta los 20 KHz. Usualmente, la línea vertical a la izquierda se usa para medir la amplitud o el nivel en dB de cada una de estas frecuencias del espectro. En el ejemplo de arriba, tenemos al mismo nivel todas las frecuencias del espectro humano. Si escuchan este sonido, este sería el de ruido blanco ya que es una mezcla de todo el espectro de frecuencias juntas al mismo nivel. Existen equipos de medición que se llaman **analizadores de espectro** los cuales toman un sonido complejo y lo analizan dibujando una gráfica como la de arriba.

Estos analizadores nos dicen cuánto hay de cada frecuencia en un sonido y se utilizan mucho para ver los armónicos de una fuente o determinar una respuesta de frecuencias de algún cuarto o equipo particular.

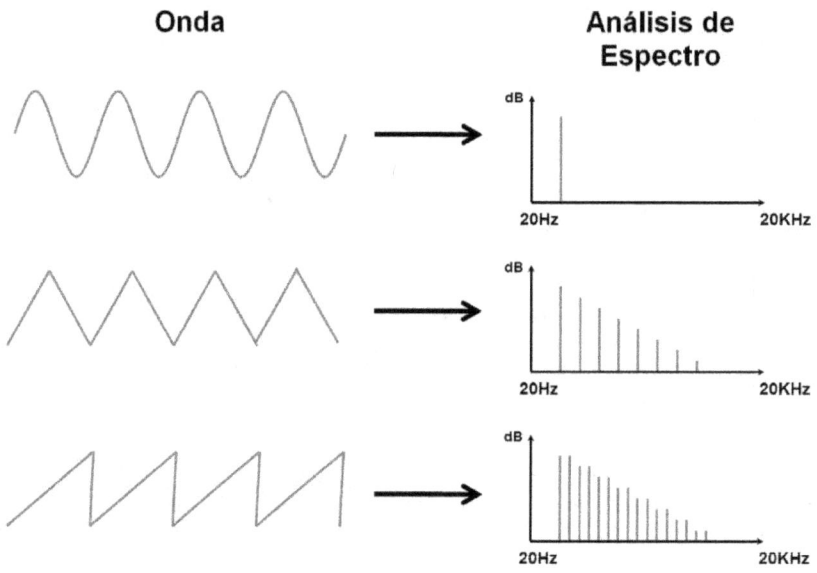

Arriba se pueden apreciar las frecuencias o armónicos que componen una onda. Notarán que una onda sinusoidal (la primera de la figura) tiene solo una frecuencia o armónico en su análisis de espectro o respuesta de frecuencias. Sin embargo, la tercera onda, tipo serrucho, tiene muchas frecuencias. Con este tipo de análisis podemos ver con facilidad, si podemos llamarlos, los "ingredientes" de una onda compleja. Este concepto de ingredientes de una onda se puede apreciar a profundidad en un proceso matemático llamado **Análisis de Fourier**.

Análisis de Fourier (Fourier Analysis)

El nombre Análisis de Fourier proviene de su creador, un físico-matemático Francés llamado Joseph Fourier. El concepto básico es que una onda compleja se puede reducir a sus componentes más sencillos. Para simplificarlo aún más, es como tomar un sonido y romperlo en los ingredientes sonoros más básicos que lo componen. Para ilustrar esto contemple la próxima gráfica.

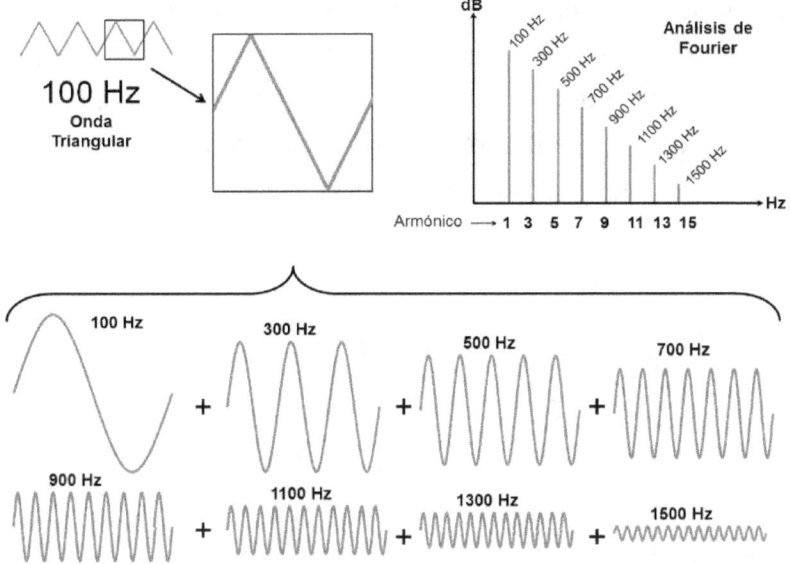

Aquí pueden ver una onda compleja triangular de 100 Hz (arriba a la izquierda). Si analizamos un ciclo de la misma con el proceso de Fourier encontraríamos que se compone de aproximadamente 8 ingredientes básicos: 100 Hz, 300 Hz, 500 Hz, 700 Hz, 900 Hz, 1100 Hz, 1300 Hz y 1500 Hz.

Estas las podemos ver en la parte de abajo de la ilustración y en el Análisis de Fourier a la derecha-arriba. Si fuéramos a buscar estas mismas frecuencias y combinarlas entre sí nuevamente, de la manera exacta, lograríamos la onda triangular original de 100 Hz. Gracias a esto, gran parte de las herramientas avanzadas de audio que utilizamos existen. De hecho, gracias a las computadoras modernas podemos realizar este análisis de manera casi inmediata. Este proceso se le conoce como FFT (Fast Fourier Transform) o Transformaciones Rápidas de Fourier. Esto es simplemente una manera rápida de realizar un proceso largo y complicado por medio de las computadoras. De hecho, este proceso no se pudo aprovechar bien hasta que llegaron las computadoras. En la actualidad lo utilizamos para muchas aplicaciones en la ingeniería y la ciencia moderna.

Sobretonos y Armónicos (Overtones and Harmonics)

En el ejemplo anterior discutimos un poco sobre el concepto del Análisis de Fourier. De hecho, en muchos casos las ondas descubiertas con este proceso se le pueden llamar **armónicos** o **sobretonos**. Pero es importante aclarar que no necesariamente son lo mismo. Si usamos el ejemplo anterior como referencia, encontramos que una onda compleja, triangular en este caso, fue analizada y se encontraron las ondas sinusoidales básicas que la componían. Si observamos bien, según la definición de armónicos sabemos que **los armónicos son los múltiplos de una onda original.** Si bien recuerdan, 100 Hz tiene armónicos de 100, 200, 300, 400, 500, 600.....etc. Pero si observamos las ondas creadas de la onda triangular, estas se componen de 100, 300, 500, 700, 900, 1100, 1300 y 1500. No concuerdan exactamente, si miran bien, al parecer se está brincando un armónico. Solo los armónicos impares están presentes en una onda triangular. Pero siguen siendo múltiplos de la original o fundamental. En casos especiales, sonidos complejos pueden tener frecuencias que no son múltiplos o armónicos. Cuando esto pasa, se les llaman sobretonos. Estos sobretonos están en la onda original pero no son armónicos.

El concepto se elabora aún más porque muchas ondas complejas tienen otras partes llamadas Subarmónicos y Subtonos. Para ilustrar esto miren la siguiente gráfica.

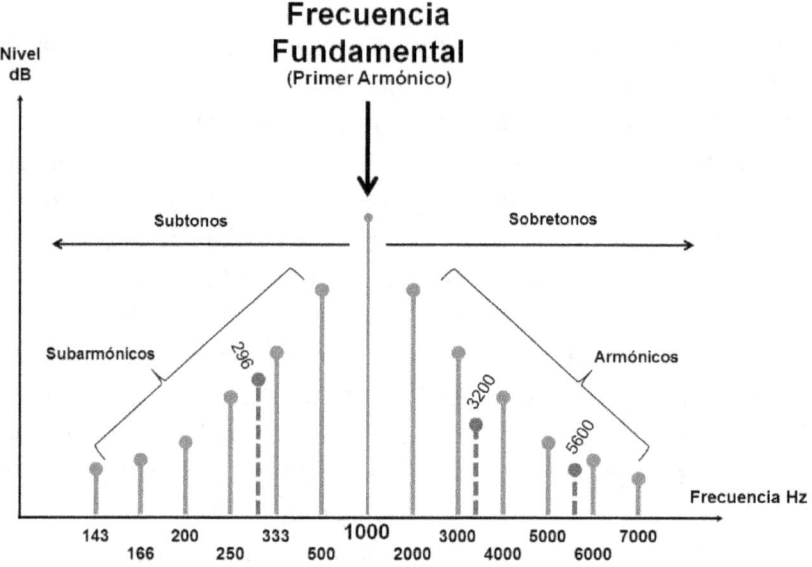

Podemos observar en el análisis espectral de arriba que una frecuencia fundamental tiene sobretonos y subtonos. Los sobretonos se ilustran a la derecha y los subtonos a la izquierda. Además, esta Frecuencia Fundamental tiene múltiplos de por sí llamados armónicos (a la derecha). En contraste la misma Frecuencia Fundamental puede tener Subarmónicos (izquierda). Estos en vez de ser múltiplos son divisiones de la fundamental o sea 1000 Hz dividido por 1,2,3,4,5....etc. Las líneas entre cortadas 296 Hz, 3200 Hz y 5600 Hz son ejemplos de subtonos y sobretonos presentes que no son armónicos. Mientras que, las líneas sólidas finas son los subarmónicos y armónicos, según explicado. Esto nos ayudará grandemente a la hora de entender el funcionamiento de algunos procesos de manipulación de audio y cómo analizarlos más tarde.

Acústica y Sicoacústica
(Acoustics and Psychoacoustics)

Cuando hablamos de sonido, existen dos ciencias que estudian el audio. La primera se llama Acústica. Esta es **la ciencia que estudia el sonido y su comportamiento en diferentes espacios**.

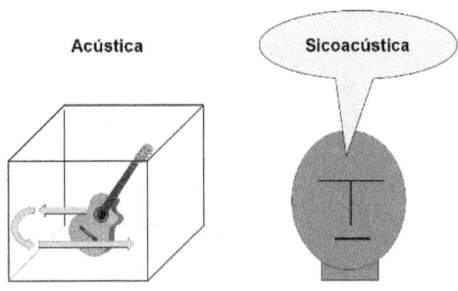

La segunda ciencia se llama Sicoacústica y esta **estudia cómo el ser humano procesa e interpreta los sonidos que escucha**. Es interesante mencionar que no siempre concuerdan. Una cosa es lo que el sonido verdaderamente es y otra cosa es lo que pensamos y sentimos con ese sonido. La Sicoacústica es una nueva disciplina que ha surgido en los últimos años y de la que aún conocemos muy poco. De hecho, los pocos adelantos tecnológicos en audio han sido producto de las investigaciones Sicoacústicas. Cada vez que descubrimos algo nuevo de la percepción humana con el sonido, surgen al poco tiempo un sinnúmero de invenciones y aplicaciones. Por tal razón, es importante estar al día con estos descubrimientos. Por el momento, discutiremos a continuación algunas de las más importantes.

Efecto de Haas (Haas Effect)

El **Efecto de Haas**, en nombre del Dr. Helmut Haas, es un efecto sicoacústico en donde dos o más sonidos similares que suenan muy cerca en tiempo se interpretan como uno solo. Si observan en la ilustración de abajo, dos trompetas separadas en tiempo por 5ms (mili segundos o milésimas de segundo) suenan como una trompeta sola pero más grande.

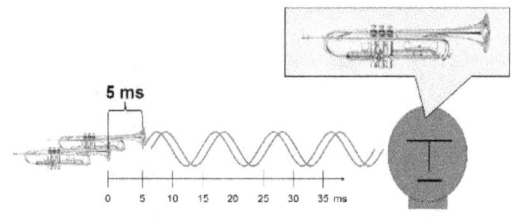

El cerebro interpreta dos sonidos similares con menos de 10 ms como uno solo. En otras palabras, sonidos similares con una separación de 10 ms se combinan en uno.

Por el contrario, si separáramos la trompeta 27 ms en tiempo se escucharían las dos trompetas separadas.

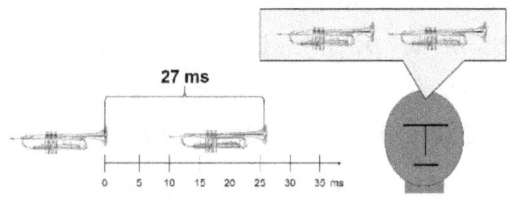

Dos sonidos similares con una separación de 20 ms o más se interpretan por el cerebro como dos sonidos separados.

Esto tiene muchas aplicaciones cuando estamos mezclando sonidos en una producción. Es importante recordar que, a la hora de hacer una mezcla, tenemos que adaptarnos a lo que percibimos sicoacústicamente. Lo importante es recordar que para que esto funcione tienen que ser instrumentos iguales que toquen lo mismo. Se menciona que el umbral de tiempo para este efecto se encuentra entre los 10 y 20 ms. El valor exacto cambia entre los 10 y 20 ms dependiendo del instrumento u onda en juego. La próxima ilustración elabora esto.

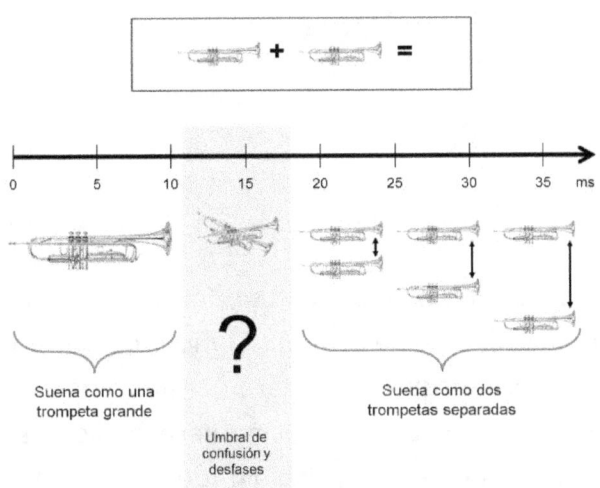

Si observamos arriba, entre los 0-10 ms se combinan los sonidos para crear uno solo. De 10-20 ms ocurre el umbral de confusión y desfases. Esta es la parte donde las trompetas suenan alteradas y con efectos extraños. De los 20ms en adelante comenzamos a escuchar las dos trompetas separadas que se separan más y más a mayor tiempo (ms). Esto aplica a todo sonido o instrumento musical. Lo que cambia es el tiempo del umbral, el cual tenemos que encontrar para lograr el efecto.

Efecto de Precedencia (Precedence Effect)

El **Efecto de Precedencia** se relaciona mucho con el Efecto de Haas ya que ambos tienen un impacto en la localización de un sonido, solo que el efecto de precedencia se presenta desde el punto de dos fuentes de sonido o bocinas en un horizonte.

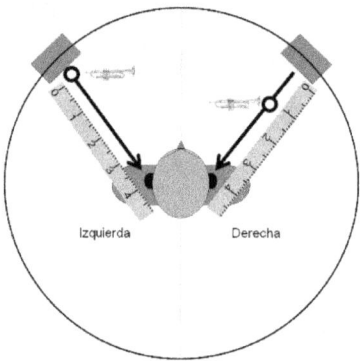

En el ejemplo de arriba, se presentan dos bocinas y una persona en el centro (miradas desde arriba). Como tenemos dos oídos, los sonidos de la bocina izquierda llegarán primero al oído izquierdo. De igual forma, el sonido de la bocina derecha llegará primero al oído derecho. Este es el principio detrás de la percepción estereofónica (dos fuentes para dos oídos). Sin embargo, en el caso de arriba el sonido de la trompeta de la derecha llegará primero que la trompeta de la izquierda. Según la Ley de Precedencia, la persona va a interpretar que el sonido de la derecha, por ser el primero que escucha, es el único que existe. En otras palabras, solo escucharemos el sonido de la derecha y el cerebro entenderá que el sonido de la izquierda es solo un eco. El cerebro le prestará atención al primer sonido que llegue obviando el segundo como un reflejo.

Localización de Sonido (Localization)

Según estudios, se ha encontrado que los seres humanos utilizamos el primer sonido que llega a nuestro oído, sea izquierdo o derecho, para determinar la dirección o localización panorámica (horizontal o izquierda-derecha) de un sonido. La ilustración de abajo presenta un ejemplo de lo explicado.

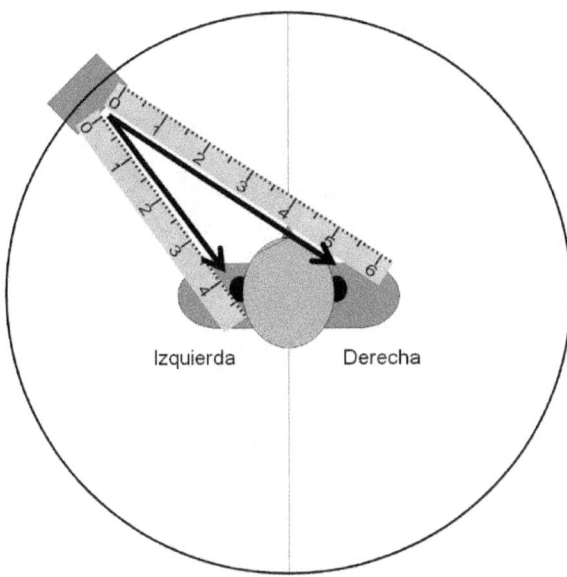

La persona en este caso escucha el sonido por ambos oídos, pero como este llega primero al izquierdo nuestro cerebro concluye que el sonido está localizado a la izquierda.

Ahora, si el sonido está directamente en frente de la persona, el sonido llegará a ambos oídos al mismo tiempo haciendo que la persona concluya que el sonido proviene del frente o el centro. La siguiente ilustración muestra esto.

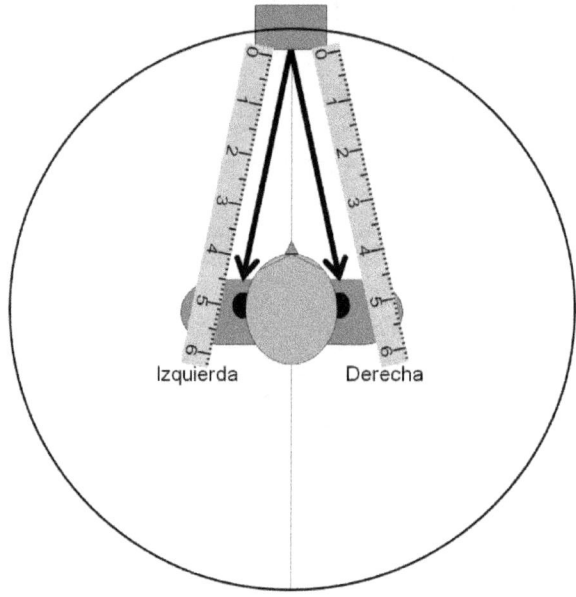

El concepto es muy sencillo pero la manera como el cerebro realiza este proceso es muy interesante. En resumen, nuestro cerebro utiliza nuestros dos oídos para localizar sonidos de izquierda-derecha. Esto se conoce también como el **panorama estereofónico**.

Curvas de Fletcher y Munson

En el proceso para determinar la igualdad de niveles de volumen a diferentes frecuencias se realizaron diversos estudios de los cuales surgen los resultados obtenidos por dos investigadores de acústica llamados Harvey Fletcher y Wilden Munson.

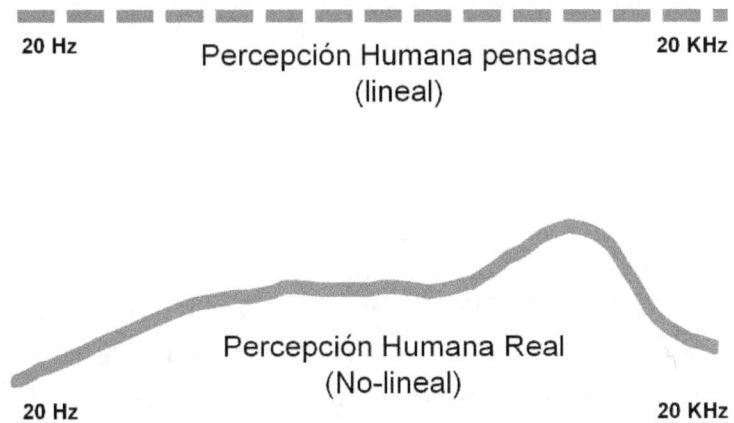

20 Hz   Percepción Humana pensada   20 KHz
(lineal)

Percepción Humana Real
(No-lineal)
20 Hz   20 KHz

En sus resultados descubrieron que el oído humano no escucha de manera uniforme todas las frecuencias de 20Hz-20KHz como se pensaba. De hecho, encontraron que escuchamos en una curva con un énfasis aproximado desde 1–5KHz, donde se encuentra la voz humana, y con perdidas graduales cerca de los extremos de 20Hz y 20Khz. Pero lo más sorprendente es que estas curvas cambian según el nivel del sonido. Esto complicó el asunto de la percepción humana aún más por lo que para aclarar el asunto Fletcher y Munson crearon la tabla a continuación.

Niveles de Igualdad de Volumen Percibida

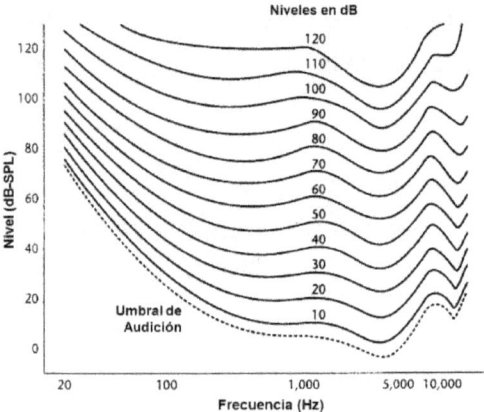

En esta tabla se ilustra cómo tiene que cambiar cada curva para que nosotros percibamos el volumen de manera pareja en cada nivel. Arriba podemos observar cómo al nivel de 10dB (curva de abajo) se crea una curva con muchos cambios drásticos de nivel por frecuencia.

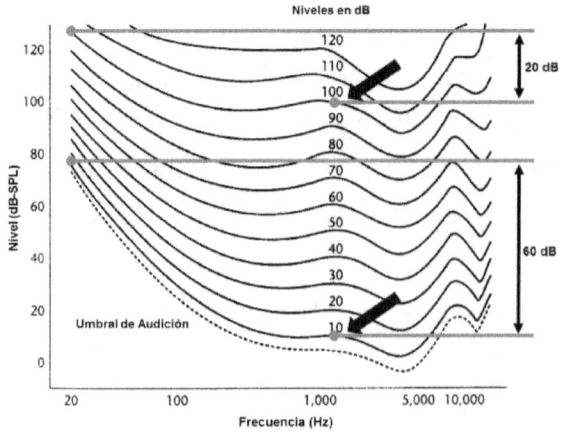

Esto nos indica que a este nivel (10dB) necesitamos subir las frecuencias de 20Hz aproximadamente 80dB para que suenen al mismo nivel que las frecuencias de 1Khz que están en los 20 dB. En este caso encontramos casi 60dB de diferencia, pero hay que recordar que son logarítmicos. En contraste, al nivel de 100dB (curva de arriba) la diferencia de nivel entre las frecuencias de 1KHz y 20Hz sería de solo 20dB, mucho menos a la curva de 10dB mencionada antes. En conclusión, mientras más fuerte es el volumen de una señal, más frecuencias bajas vamos a escuchar; mientras que, en niveles bajos de volumen se nos hace mucho más difícil escuchar frecuencias bajas. Gracias a este descubrimiento sicoacústico las compañías de radios para autos decidieron añadir un botón de "loudness" para subir las frecuencias bajas en niveles reducidos de volumen. En otras palabras, al oprimir este botón escuchamos más bajo en la música. Curiosamente gran parte de las personas dejan este botón encendido aún en niveles altos de volumen creando una cultura de amantes al bajo excesivo o sea frecuencias bajas en la música.

Efecto de Máscara (Masking)

El **Efecto de Máscara** es relativamente sencillo. Este presenta que un sonido puede ser cubierto por otro y engañar nuestra percepción.

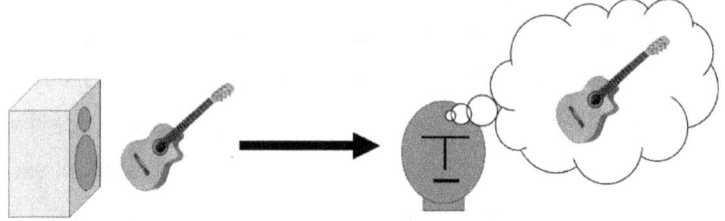

Aquí el sujeto escucha la guitarra.

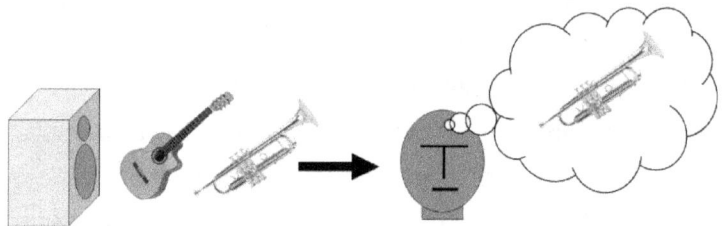

Aquí el sujeto escucha la trompeta debido a que la trompeta enmascara la guitarra.

En el ejemplo de arriba vemos que un sujeto escucha una guitarra que proviene de la bocina. Luego se presenta abajo una trompeta que suena más fuerte que el de la guitarra. Aquí el sonido de la trompeta cubre el de la guitarra como una máscara. Esto solo puede ocurrir si en el mismo lugar la trompeta está tocando lo mismo pero más fuerte, de forma tal que el sujeto piensa que solo existe el sonido de la trompeta en la grabación. Esta es una presentación rudimentaria porque los hallazgos en esta área pueden trabajarse de manera más compleja y elaborada.

Frecuencia Fundamental Ausente (Missing Fundamental Frequency)

Este fenómeno sicoacústico fue muy importante en el desarrollo de tecnología de audífonos pequeños. En el fenómeno de **armónico ausente** se descubrió que cuando el cerebro humano conoce una secuencia de armónicos, este puede "inventar" la frecuencia fundamental si está ausente de la secuencia.

Percepción de Armónicos Ausentes

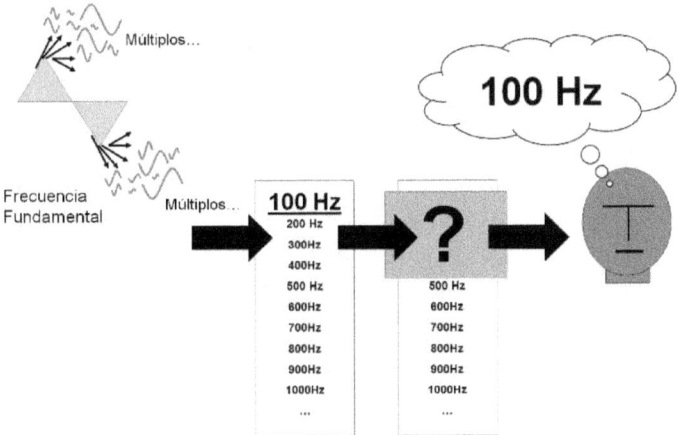

En la figura de arriba podemos ver unos armónicos creados por una onda fundamental de 100Hz (izquierda). Se descubrió que si por alguna razón removemos parte de la secuencia de armónicos, el cerebro puede "inventar" los armónicos ausentes llegando a la conclusión de que "escucha" una onda de 100Hz a pesar de no tener esta onda presente en lo que escucha. Este efecto es muy similar a la manera en la cual el cerebro reconstruye palabras incompletas al leer las mismas. Esto puede ocurrir sin darnos cuenta de lo sucedido haciendo que el cerebro nos engañe para bien o para mal.

Capítulo II

El Sonido en Espacios Cerrados (Cuartos)

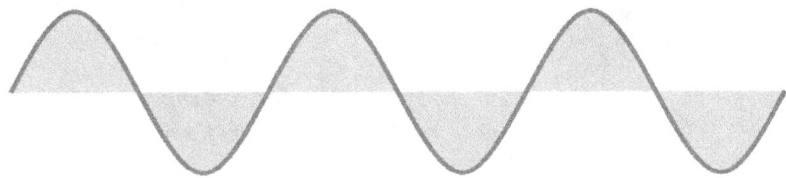

El Sonido en un Cuarto

Aplicaciones de Conceptos Acústicos en Cuartos

Dentro de un cuarto se pueden utilizar las fórmulas básicas ya presentadas. A continuación pueden ver un resumen de cada una de ellas. La más útil para estudios básicos en cuartos es el círculo a la derecha que nos presenta la velocidad del sonido a 70°F, 1127 pies por segundo sobre el producto de λ (lambda) y F (frecuencia).

Resumen de Fórmulas Básicas

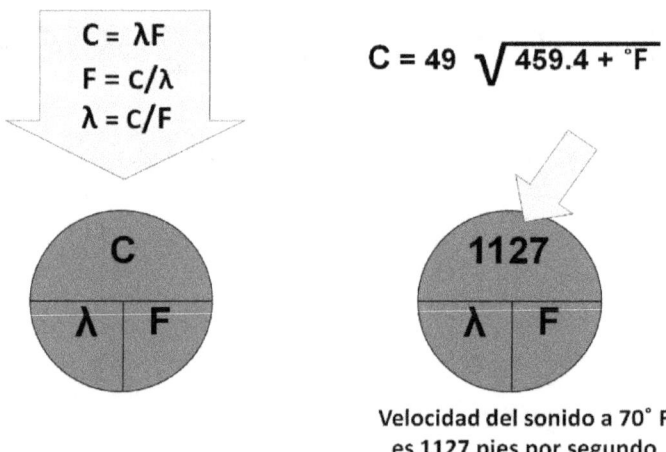

$$C = \lambda F$$
$$F = c/\lambda$$
$$\lambda = c/F$$

$$C = 49 \sqrt{459.4 + °F}$$

Velocidad del sonido a 70° F
es 1127 pies por segundo

Con este círculo, en un cuarto, podemos hacer cálculos básicos con suma facilidad. Muchos expertos pueden diferir de ello, pero nuestro propósito es mantener la ciencia del sonido y su aplicación lo más sencilla y práctica en este texto. Por tal razón, vamos asumir de ahora en adelante que el cuarto estará siempre a 70°F.

Es importante recordar que usualmente escuchamos el sonido en cuartos o espacios cerrados. Por tal motivo, el sonido se encuentra rodeado principalmente de superficies conectadas. En otras palabras: piso, paredes y un techo. Estas superficies nos presentan otras condiciones que son muy diferentes a las de espacios abiertos. A continuación tenemos cuatro maneras en las que el sonido reacciona a estas superficies.

Comportamiento del Audio en Superficies

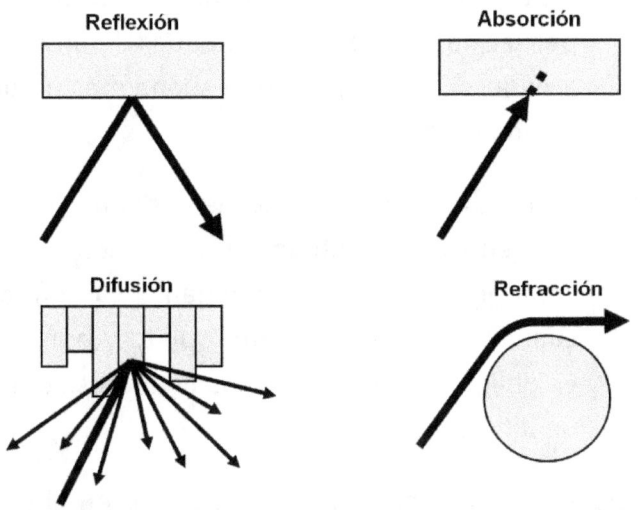

Arriba pueden ver cuatro comportamientos: Reflexión, Absorción, Difusión y Refracción. Veamos lo que significan cada una.

Reflexión - ocurre cuando el sonido choca con una superficie y rebota. La superficie es usualmente sólida y lisa.

Absorción - se refiere a cuando la superficie tiene características usualmente flexibles y porosas causando que el sonido se atrape o absorba en la superficie. En muchos casos, gran parte del sonido puede ser absorbido en algunas superficies eliminando cualquier rebote o reflejo.

Difusión - esto ocurre en superficies complejas con patrones geométricos que hacen que el sonido se rompa en muchos reflejos que viajan en todas las direcciones y que chocan entre sí causando que el sonido se atenúe y se distribuya a todos lados. En muchos casos, la difusión puede crear un sentido de más espacio ya que puede engañar al oído y hacernos pensar que son ondas atenuadas de un cuarto más grande. La ventaja es que suena más natural para el oído humano.

Refracción - en muchos libros básicos de audio no se menciona la refracción debido a que los otros tres comportamientos predominan. La refracción es cuando un sonido toca un objeto y por fricción se ve obligado a virar un poco. Esto causa que cambie de dirección un poco.

Otro caso especial ocurre cuando hay un objeto en el medio del transcurso de un sonido. Generalmente, detrás del objeto se crea una sombra. Esta sombra es usualmente la ausencia de frecuencias altas. Las frecuencias bajas al ser omnidireccionales viajan con facilidad por las curvas de los objetos, pero las frecuencias altas no.

Sombras de Sonido

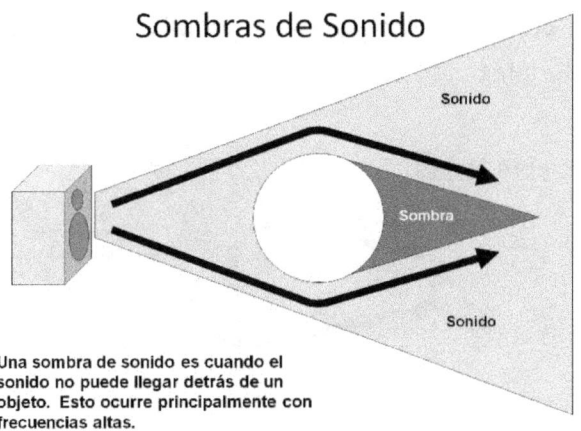

Una sombra de sonido es cuando el sonido no puede llegar detrás de un objeto. Esto ocurre principalmente con frecuencias altas.

Si un oyente se encuentra detrás del objeto notará una ausencia marcada de frecuencias altas. Esto se puede apreciar en la siguiente ilustración. El sujeto detrás del objeto se preguntará en dónde están las frecuencias altas. Sin embargo, escucharán las frecuencias bajas con facilidad.

Sombras de Sonido

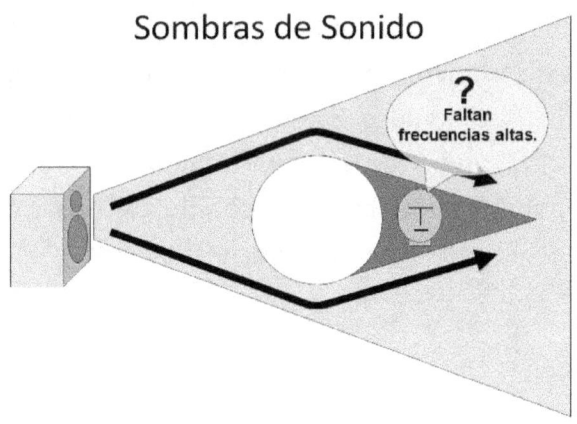

Es importante reiterar, que las frecuencias altas viajan como rayos rectos por lo que son direccionales. Por el contrario, las frecuencias bajas viajan de manera amplia, rodean objetos y son omnidireccionales.

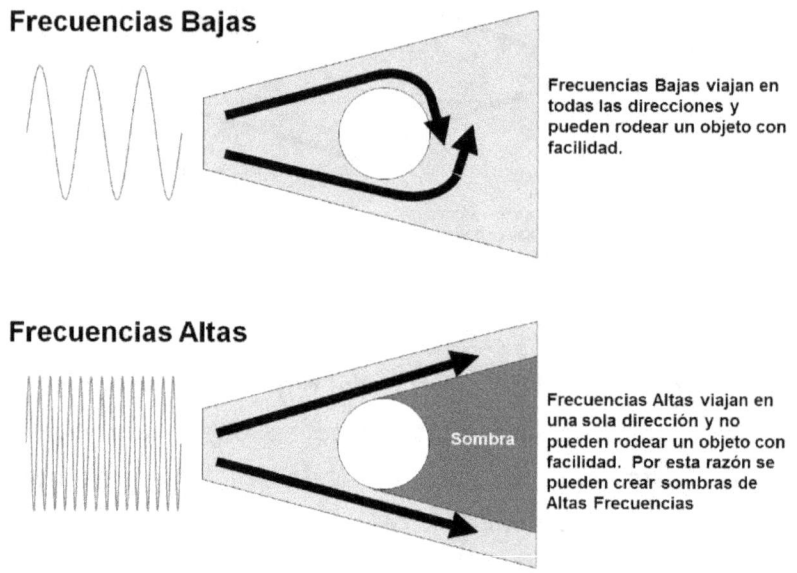

Frecuencias Bajas

Frecuencias Bajas viajan en todas las direcciones y pueden rodear un objeto con facilidad.

Frecuencias Altas

Sombra

Frecuencias Altas viajan en una sola dirección y no pueden rodear un objeto con facilidad. Por esta razón se pueden crear sombras de Altas Frecuencias

La mayoría de las paredes se construyen con materiales sólidos y lisos. Por este motivo, podemos usualmente decir que todas las paredes reflejan el sonido. Estos reflejos son críticos en todas las aplicaciones de audio en un cuarto cerrado. En la siguiente ilustración podemos ver cómo el sonido de una trompeta viaja hacia la pared, choca y se refleja hacia el oyente.

Sonido en una Pared

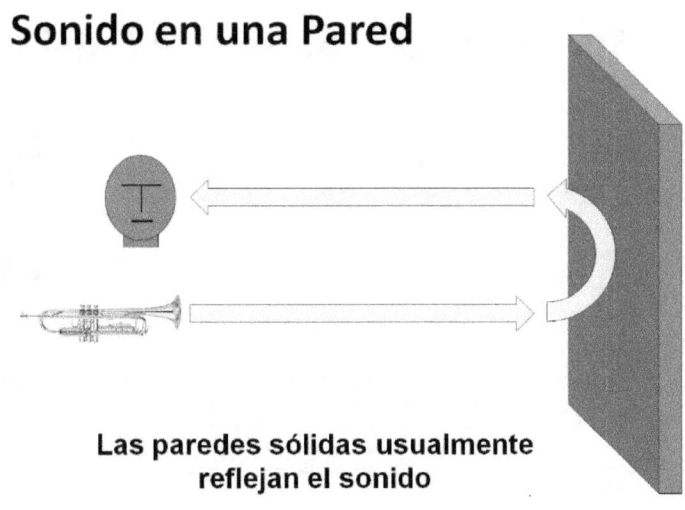

**Las paredes sólidas usualmente
reflejan el sonido**

El reflejo de un sonido se torna más complejo si tenemos un cuarto cerrado ya que todas la seis superficies (paredes, piso y techo) reflejan el sonido. Esto es usualmente peor si las paredes opuestas están paralelas debido a que causan un reflejo repetitivo de una pared a otra.

Sonido en dos paredes paralelas

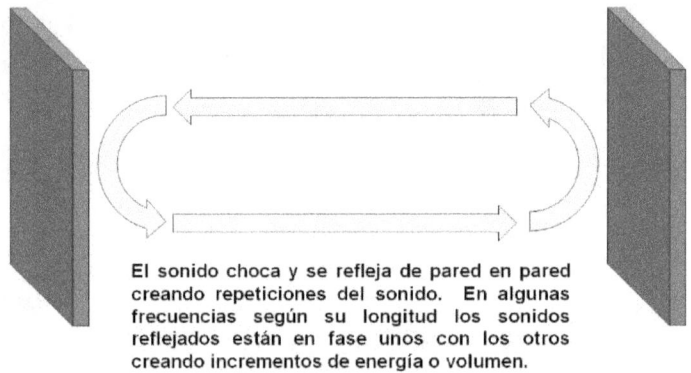

El sonido choca y se refleja de pared en pared creando repeticiones del sonido. En algunas frecuencias según su longitud los sonidos reflejados están en fase unos con los otros creando incrementos de energía o volumen.

Como mencionamos arriba, en un cuarto cerrado los reflejos son más complicados pues usualmente se compone de tres conjuntos de superficies paralelas: paredes a lo largo, paredes a lo ancho y piso con el techo. Cada uno de estos conjuntos de superficies paralelas están sujetas a resonancias. En la acústica estas ondas resonantes o acentuadas se les llaman Modos de Reflexión en un Cuarto u Ondas Estancadas. A continuación tenemos un ejemplo de un cuarto y los diversos modos resonantes que puede tener.

Modos Básicos de Reflexión en un Cuarto

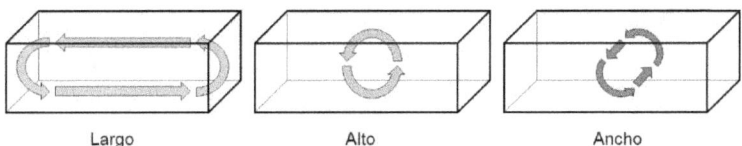

Largo   Alto   Ancho

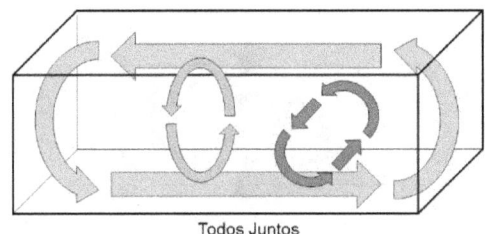

Todos Juntos

Los cuartos convencionales (en forma de cubos cerrados) tienen tres modos principales: largo, alto y ancho. Cada de uno de ellos tienen reflejos repetitivos de sonido entre las superficies paralelas creando resonancias. Estas frecuencias u ondas resonantes se intensifican porque tienen longitudes de ondas compatibles con la distancia entre las paredes. En la siguiente ilustración podemos ver una onda al aire libre. Luego vemos como esta onda comienza a reciclar cuando se encierra en un cuarto con paredes paralelas. Dado a que en este caso las paredes miden la mitad exacta de la logitud de la onda las repeticiones o ciclos se fortalecen entre si causando que la amplitud o volumen incrementen con cada repetición. Este incremento de la onda se conoce como resonancia y puede seguir incrementando indefinidamente.

Onda Resonante en un Cuarto

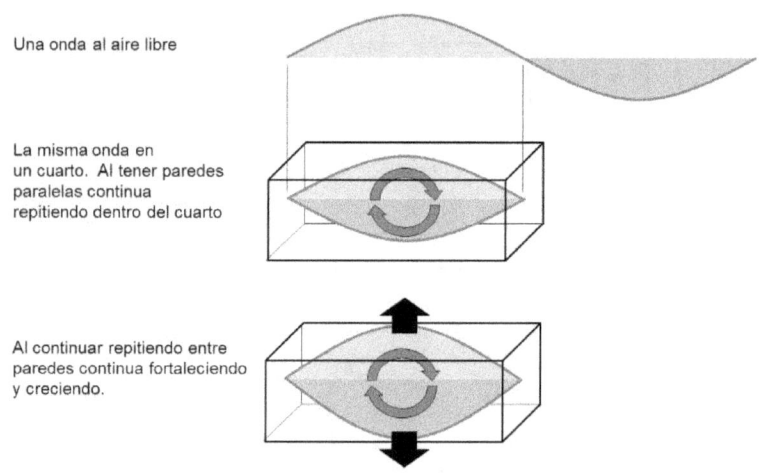

Una onda al aire libre

La misma onda en un cuarto. Al tener paredes paralelas continua repitiendo dentro del cuarto

Al continuar repitiendo entre paredes continua fortaleciendo y creciendo.

Estas Ondas Resonantes o Estancadas ilustradas arriba se pueden calcular utilizando las fórmulas presentadas hasta ahora.

Calculando la Onda Resonante
en un Cuarto

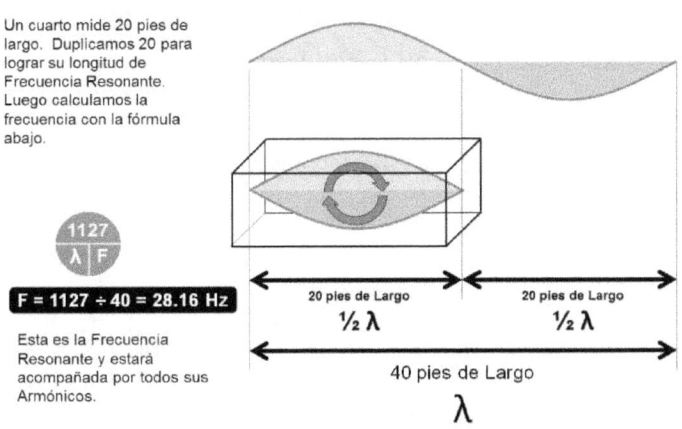

Un cuarto mide 20 pies de largo. Duplicamos 20 para lograr su longitud de Frecuencia Resonante. Luego calculamos la frecuencia con la fórmula abajo.

$$\frac{1127}{\lambda \mid F}$$

F = 1127 ÷ 40 = 28.16 Hz

Esta es la Frecuencia Resonante y estará acompañada por todos sus Armónicos.

20 pies de Largo
½ λ

20 pies de Largo
½ λ

40 pies de Largo
λ

En el ejemplo anterior el cuarto mide 20 pies de largo. Como sabemos, la Onda o Frecuencia Resonante es el doble de la medida entre las paredes. Esto se debe a que el sonido rebota entre las dos paredes haciendo que la ida y la vuelta completen un ciclo. Por lo tanto, multiplicamos 20 por 2 para tener 40 pies. Esta sería la Longitud de la Onda Resonante. Luego, según la fórmula (el Círculo ya presentado), dividimos 1127 (Velocidad del sonido a 70°F) por 40 (la Longitud) lo que tiene como resultado una Frecuencia Resonante de 28.16 Hz. Luego a este valor se le buscan los armónicos.

Armónico	Frecuencia (Hz)
1	28.16
2	56.32
3	84.48
4	112.64
5	140.8
6	168.96
7	197.12

La siguiente tabla es parte de los armónicos calculados. En ella llegan hasta el séptimo armónico que es 197.12 Hz.

Lo correcto en un cuarto como este es repetir los mismos pasos para el ancho y la altura del cuarto. Por otro lado, también se utilizan las medidas diagonales y tangenciales para determinar las frecuencias resonantes de todos los modos de Resonancia. A cada una de estas distancias se le llaman **modos del cuarto**. Estos modos se pueden apreciar en la siguiente ilustración.

Modos de Reflexión en un Cuarto

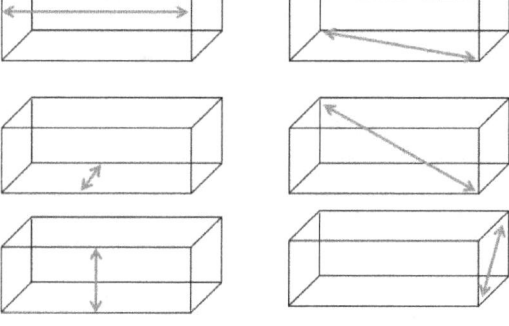

A base de todos estos cálculos, que van más allá del propósito de esta discusión, se pueden conseguir todas las frecuencias resonantes del cuarto y determinar cómo el este cuarto afectará el sonido de los sonidos dentro de él. Por esto, es importante recordar que, para bien o para mal, cada cuarto tiene un sonido único. Lo importante en audio es reconocer y corregir este sonido al momento de tomar decisiones finales de producción. Mucha literatura sobre acústica analiza esto con mayor profundidad.

Eco y Reverberación

El **eco** resulta cuando el sonido choca con una superficie y se refleja. En el ejemplo a continuación se puede observar en la parte superior cómo una fuente de sonido genera un sonido que al viajar hacia atrás choca con una pared al fondo y luego regresa. Esto crea un rebote o reflejo del sonido conocido como Eco, Reflejo o "Delay".

Diferencias entre Eco y Reverberación

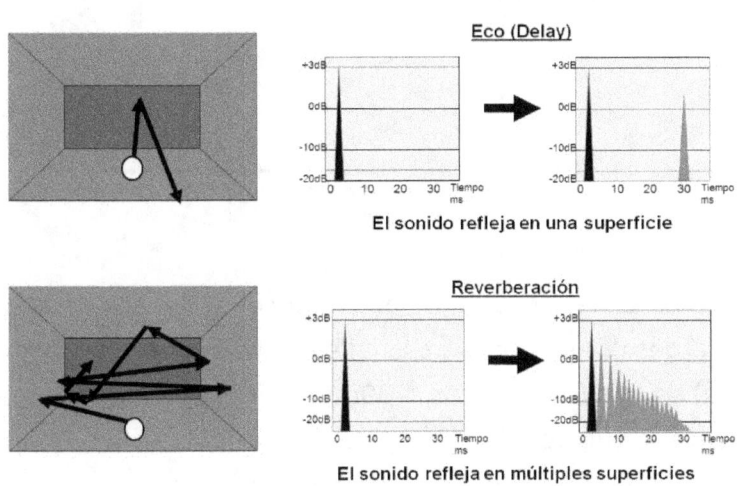

Otro fenómeno del sonido dentro de un cuarto se conoce como **reverberación**. Esta es la combinación de todos los reflejos o ecos creados dentro de un cuarto por una fuente. Todos estos reflejos se combinan de manera compleja para darnos reverberación. Elaboremos más estos conceptos con otros ejemplos. Si miramos la siguiente ilustración, podemos ver cómo un sujeto escucha la bocina directa y la bocina reflejada de la pared. El audio reflejado viaja un total de 30 pies (15+15) antes de regresar al oyente.

Asumiendo, como ya fue discutido, que el sonido tarda 1ms por cada pie, podemos concluir que al sonido viajar 30 pies se tarda entonces 30ms para viajar y regresar al oyente.

Eco y el Tiempo en un Cuarto

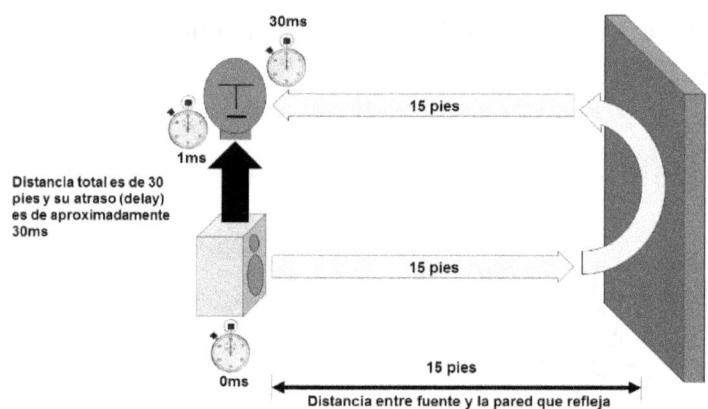

El sujeto escucha, en esta situación, la señal directa de la bocina (flecha gruesa), que tomó 1ms en llegar y la señal reflejada (flecha delgada) de la pared que tomó 30ms en llegar. La gráfica de abajo nos ilustra lo que percibe dicho oyente.

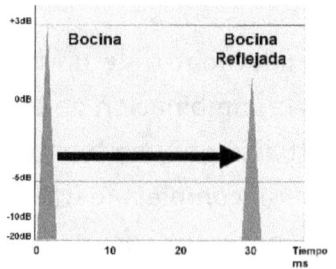

Pueden notar que a la izquierda se encuentra la bocina sola, cerca de 0ms. A la derecha se encuentra la bocina reflejada a los 30ms.

Además, observarán que la bocina reflejada es más débil ya que pierde fuerza en el viaje (Ley del Cuadrado Inverso). En realidad si vamos a los detalles, el oyente percibe un atraso de 29ms debido a la diferencia de 30ms y 1ms marcados en la penúltima ilustración.

Como ya sabemos, el sonido de una fuente emana de manera omnidireccional, o sea en todas las direcciones. En la siguiente ilustración pueden ver cómo el sonido de una trompeta sale de todas partes de la trompeta.

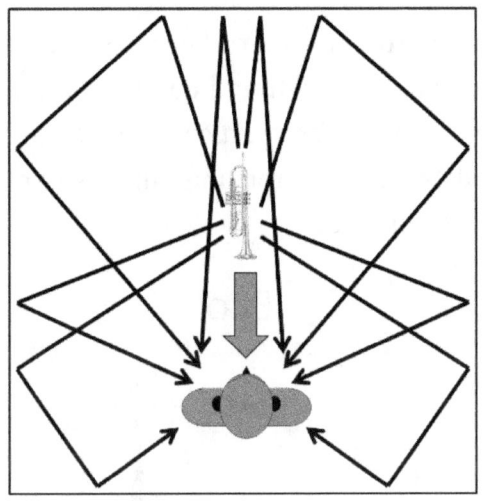

Cada una de esas ondas viaja dentro del cuarto, choca con las paredes de múltiples ángulos y continúa chocando por todo el cuarto. Estas ondas crean un eco y cada eco toma un tiempo diferente para llegar al oyente. Todos los ecos llegan al oyente en diferentes tiempos y provocan lo que se conoce como reverberación. La gráfica de abajo nos ilustra lo que percibe el oyente en este caso.

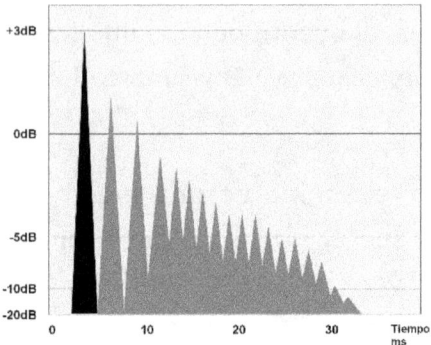

El resultado de la reverberación dependerá mucho de las dimensiones del cuarto y los materiales existentes. Cada material refleja, absorbe, difunde y refracta complicando los miles y miles de reflejos que crean el efecto único llamado reverberación. Por este motivo, existen reverberaciones únicas para cada cuarto o ambiente acústico cerrado.

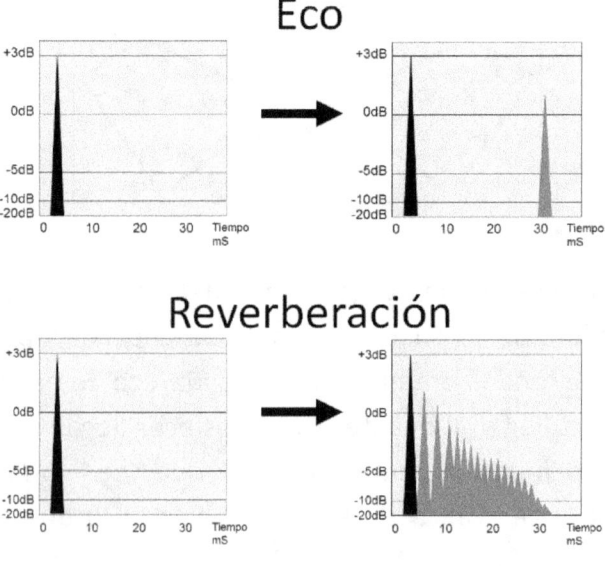

En resumen, como ilustramos arriba, podemos concluir que el eco es cuando un sonido se refleja en una superficie solamente. Por el contrario, la reverberación ocurre cuando un sonido choca y se refleja en múltiples superficies y objetos. En otras palabras, muchos ecos juntos con diferentes tiempos y cambios producen una reverberación.

Aplicaciones y Tratamientos Acústicos

En esta parte comenzaremos a combinar algunos conceptos ya presentados para explicar algunas situaciones prácticas. De tener alguna duda, pueden regresar al concepto ya mencionado en las páginas anteriores para repasar cómo funciona.

Bocinas en un Cuarto

En el siguiente ejemplo, vemos como dos bocinas en un cuarto interactúan con un oyente. Las bocinas emanan sonido en todas las direcciones y estos sonidos chocan con las paredes detrás.

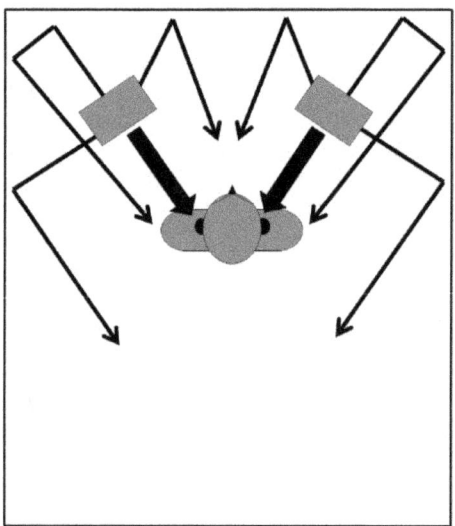

Las flechas gruesas son el sonido directo que envían las bocinas hacia el oyente. Las flechas delgadas son los primeros reflejos que llegan poco después. El problema aquí es que la señal directa se mezcla con los primeros reflejos. Si estos llegan a menos de 10 ms el cerebro se engaña pensando que el sonido proviene de una sola fuente (miren la siguiente ilustración a la derecha).

Lo que llega al Oído

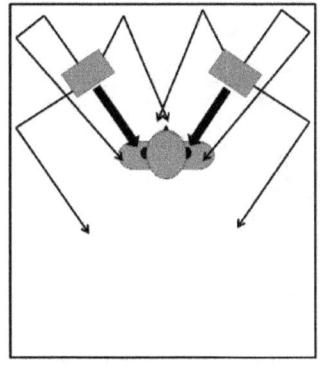

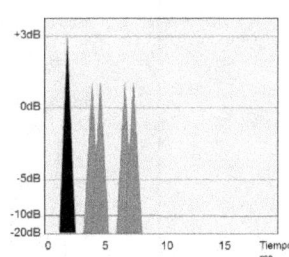

Señales que llegan al oído
incluyen los primeros reflejos
que ocurren dentro de 10ms
En este caso aplica el Efecto
de Haas.

Lo que interpreta el Cerebro

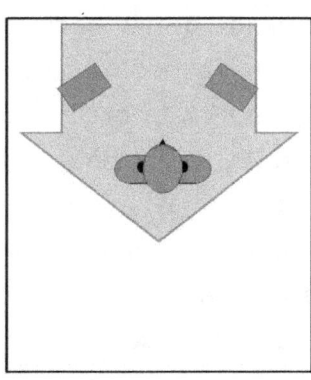

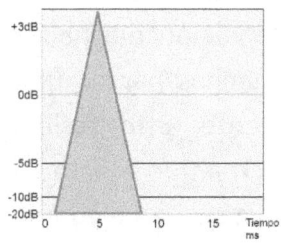

Lo que el oído y el cerebro interpretan
debido al Efecto de Haas. En este caso
extremo se pierde la definición del estéreo
y se percibe una sola fuente difuminada
por todo el frente del cuarto. En este caso
el Paneo pierde definición.

Para corregir este problema se colocan materiales absorbentes detrás y a los lados de las bocinas. A continuación se ilustra lo explicado.

Bocinas con Tratamiento

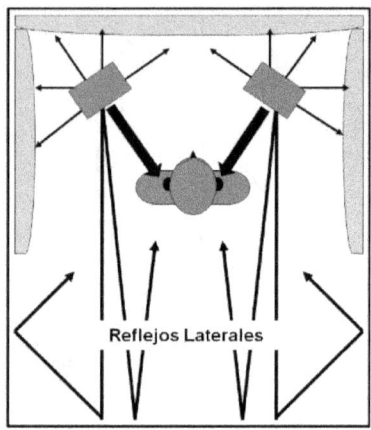

En la ilustración de arriba el material absorbente está colocado y absorbe los sonidos detrás y a los lados de las bocinas. Esto mejora la definición del panorama o paneo. Si observan bien, verán unas flechas negras finas que se dirigen hacia la paredes detrás del oyente. Estos reflejos laterales, de no tener el material absorbente, crean un efecto de eco que molestará en la mayoría de los casos ya que en algún punto interferirá con la señal directa (flechas gruesas). Si ponemos material absorbente a todo el cuarto es muy probable que suene demasiado seco (o muerto) y, por consecuencia, sonará débil. Para solucionar la situación se colocan difusores en las paredes detrás del oyente. A continuación tenemos el cuarto arreglado de forma tal que la señal directa llega con claridad sin interrupciones mientras damos la impresión de tener un cuarto más grande gracias a los difusores laterales.

Bocinas en un Cuarto con Materiales Absorbentes y Difusores

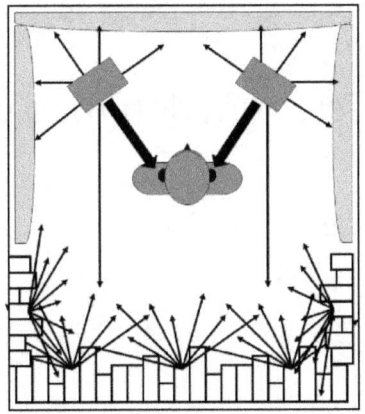

Ilusión Sonora creada por los Difusores

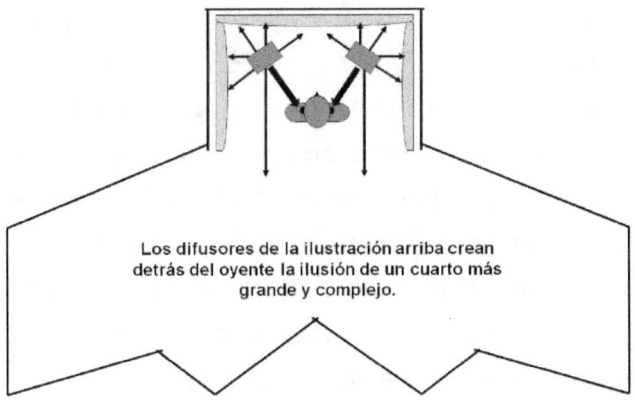

Los difusores de la ilustración arriba crean detrás del oyente la ilusión de un cuarto más grande y complejo.

Superficies y Volumen

Otro efecto que resulta debido la combinación de los conceptos ya explicados ocurre cuando una fuente se encuentra cerca de una superficie. Por cada superficie cercana a una fuente hay un incremento de volumen aproximado a 3dB.

Superficies añaden más Volumen

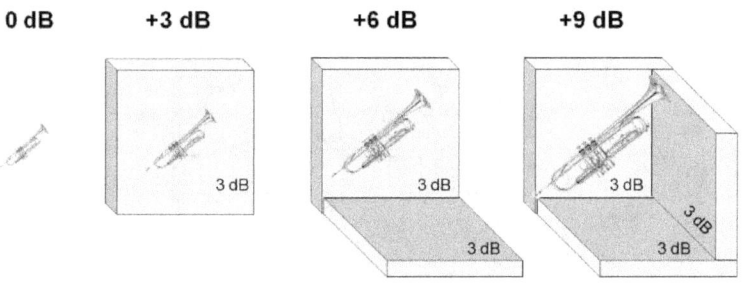

Cada pared o superficie añade aproximadamente 3dB a una Fuente. Los Primeros Reflejos que funcionan con el efecto de Haas incrementan el volumen según las superficies que lo rodean.

Como ejemplo colocamos una trompeta a la izquierda con una unidad de volumen de referencia de 0dB. A su derecha cerca de una pared vemos la misma trompeta que incrementa su nivel perceptual +3dB. El siguiente a la derecha tiene dos superficies que hacen que la trompeta suba aproximadamente +6dB. Por último, vemos cómo la trompeta es rodeada por tres superficies y llega a un incremento de +9dB. Por este motivo, una fuente de sonido dentro de un cuarto cerrado sonará significativamente más fuerte que fuera del cuarto.

Conclusión

Como pueden ver, el sonido en un cuarto se torna cada vez más complejo. Por esta razón, debemos recordar que no es necesario saberlo todo en la acústica de cuartos. En la mayoría de los casos las variables son tantas que pueden acercarse a lo imposible para calcular matemáticamente sin la ayuda de computadoras. Por tal motivo, los expertos utilizan herramientas como Analizadores de Espectro o Barridos de Frecuencia con Análisis para hacer estos estudios más efectivos y prácticos. En fin, lo importante es trabajar alrededor de los obstáculos presentados en cada cuarto de la mejor manera posible, según la situación y el momento.

Capítulo III

El Sonido en el Mundo Eléctrico y Digital

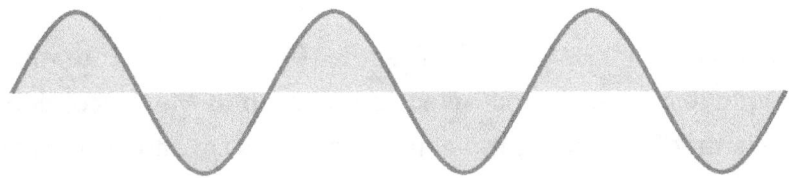

Convirtiendo el Sonido a Electricidad

Para que el sonido se pueda grabar y procesar es, usualmente, necesario convertirlo en electricidad. Para presentar mejor este concepto observen la siguiente gráfica.

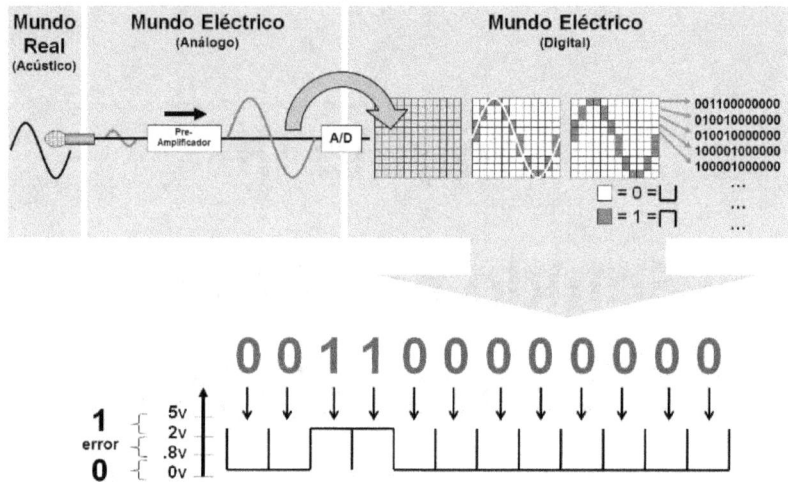

Arriba a la izquierda vemos el área del Mundo Real. Este mundo se puede llamar el mundo Acústico o el mundo Mecánico, debido a que la mecánica de las moléculas las cuales chocan entre sí para crear el sonido. En el mundo real, donde vivimos y escuchamos, se encuentran las fuentes de sonido como las voces humanas, los instrumentos musicales, entre otros. En este mundo colocamos los micrófonos para poder grabar o amplificar el sonido. El micrófono se le llama, como ya mencionamos antes, un transductor que convierte el sonido del mundo real (acústico) al mundo eléctrico (análogo). Podríamos decir que un sonido se "dibuja" con moléculas en el mundo acústico y con electrones en el mundo eléctrico.

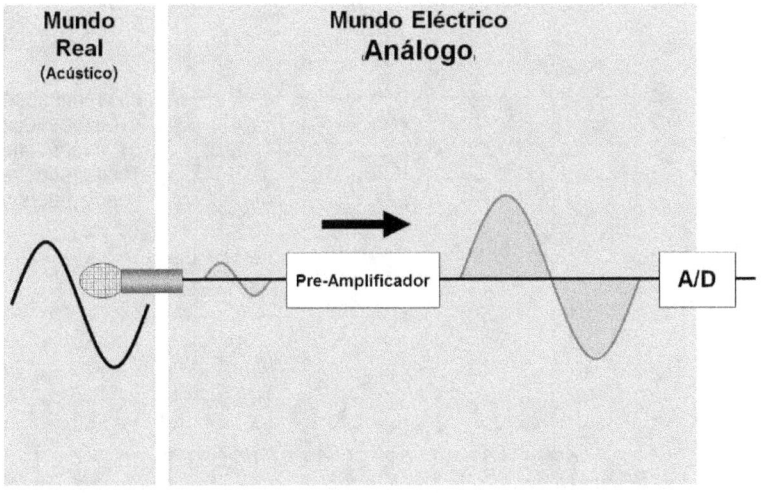

Como usualmente ocurre, la señal eléctrica "análoga", que significa similar a la acústica, es débil o pequeña en comparación cuando sale del micrófono. Debido a ello, se tiene que amplificar o fortalecer para que sea eléctricamente eficiente. Para lograr esto la onda pasa por un Pre-Amplificador que amplifica la onda a niveles útiles. Esta onda agrandada es utilizada en todos los equipos análogos como las consolas, compresores u otros equipos electrónicos que procesan el audio.

En el mundo moderno, esta onda eléctrica de audio se vuelve a convertir o transportar a otro mundo al cual yo llamo el mundo eléctrico digital. Con el desarrollo de las computadoras hemos tenido que convertir o codificar todo nuestro mundo al idioma digital. Este idioma digital también se conoce como el código binario y se codifica con dos números el cero (0) y el uno (1).

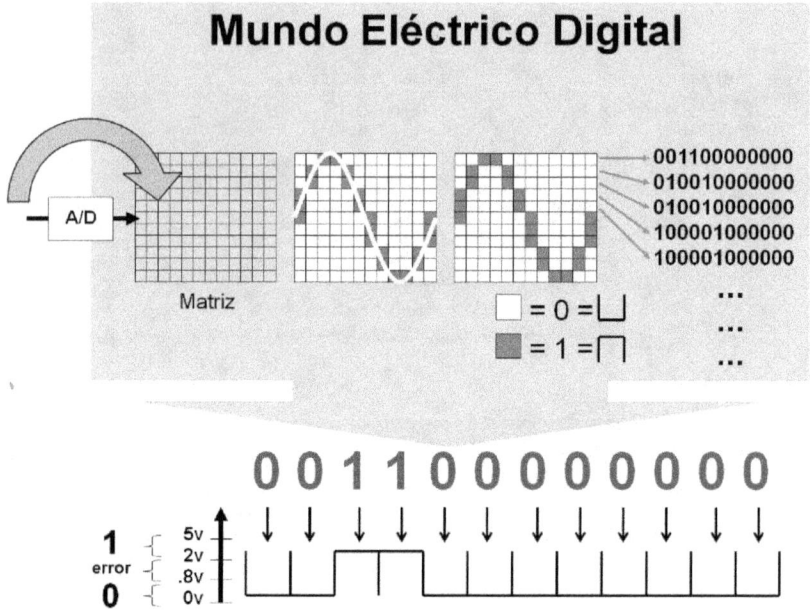

Regresando a la ilustración anterior, vemos que la señal eléctrica análoga se convierte a digital con un equipo llamado "A/D", es decir, un convertidor de análogo a digital que se encarga de convertir la onda en algo similar a los pixeles en la pantalla de video por medio de un cuantificador. Si observan bien, verán que la onda se coloca en esta matriz o cuadrícula y, en cada punto por donde la onda pasa por un cuadro se marca dibujando la onda análoga con los cuadros de la matriz. Finalmente, a la derecha pueden ver cómo queda una onda o señal compuesta por cuadritos similares a pixeles. A cada uno de estos cuadros marcados se le atribuye un valor de uno (1) y a cada cuadro no marcado se le atribuye un valor de (0). Esto luego se puede convertir en una palabra digital como pueden apreciar en la extrema derecha.

Ahí pueden ver cómo la primera fila de cuadros se convierte a 001100000000. Recuerden que esto es un código y no significa que las computadoras tienen ceros y unos por dentro que viajan por los cables de un lado a otro. En realidad lo que está viajando por los cables no son ceros y unos, sino voltajes que representan un cero o un uno según su valor. En la parte inferior de la ilustración se puede apreciar esto. Aquí pueden ver la primera fila de números digitales agrandada: 001100000000. Debajo observan una especie de onda cuadrada que representa un cero o un uno. En cada cuadro pueden apreciar la línea horizontal que cambia según el número digital. Si el número es un cero, este se dibuja como una mini línea horizontal abajo. Por el contrario, si se trata de un uno digital se convierte en una mini línea horizontal arriba. Es importante notar que lo que determina si una señal eléctrica es un uno o un cero digital depende del voltaje ilustrado abajo en la izquierda.

Voltajes y sus Equivalencias Digitales

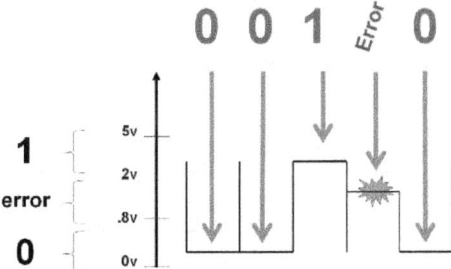

Pueden ver en la ilustración que todo voltaje entre 0 y .8 voltios representa un cero digital; un voltaje entre .8 y 2 voltios representa un error digital; y un voltaje entre 2 y 5 voltios representa un 1 uno digital.

Los voltajes análogos pueden subir o bajar dependiendo de muchas condiciones en el circuito eléctrico tal como la tolerancia de los componentes, las temperaturas o los cambios de voltaje de la autoridad de energía eléctrica local. Para incluir estos márgenes de error se establecieron estos parámetros variados de voltajes: 1 = 2v-5v y 0 = 0v-.8v. Para evitar que ceros y unos digitales se confundieran se estableció un punto de error entre estos voltajes de .8 a 2 voltios. Si en algún momento un 1 digital baja su voltaje, el sistema lo identificaría como un error antes de que se convierta en un cero digital. Con esto se ayuda a la detección de errores.

Las señales digitales se pueden codificar de diferentes formas utilizando cambios en voltajes (como el caso anterior), cambios de luz (uno=lámpara encendida y cero=lámpara apagada), o cambios de frecuencias electromagnéticas (alta frecuencia=uno y baja frecuencia=cero). La siguiente ilustración nos presenta un ejemplo de esto.

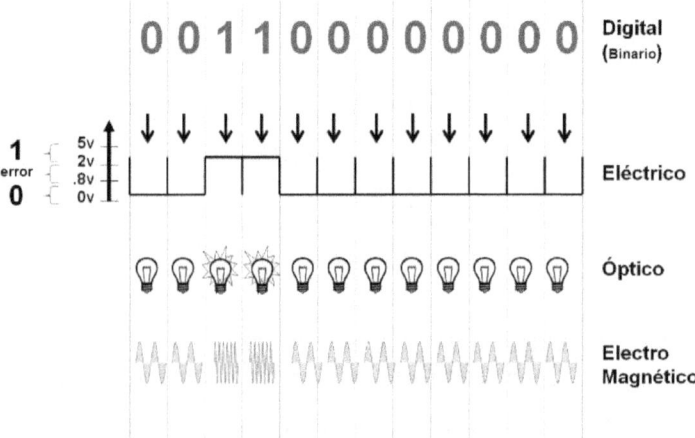

Si observan, el cero arriba se representa en un voltaje análogo entre 0-.8 voltios (eléctrico), en una lámpara apagada (óptico), o una frecuencia baja (sistemas electro-magnéticos).

Usualmente, un sistema electro-magnético puede ser un sistema de antenas que se comunican por el aire. Mientras que, un sistema óptico puede utilizar fibras ópticas que transmiten luces que encienden y apagan a gran velocidad. Sin embargo, los sistemas eléctricos utilizan cables con corrientes eléctricas codificadas para señales digitales.

Resoluciones Digitales para Audio

Como pudieron observar en la última sección, el audio acústico se convierte a una señal eléctrica análoga y luego en una digital. El único problema es que una onda digital se puede ver cuadriculada y sonaría aún peor debido a que crearía armónicos por cada cuadro.

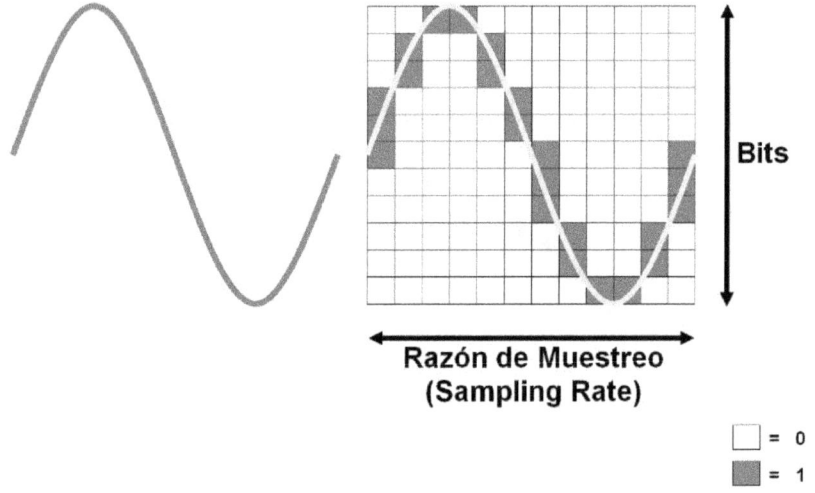

Razón de Muestreo
(Sampling Rate)

☐ = 0
■ = 1

Como esto sería algo de poca utilidad, la matriz o cuadrícula utilizada debe ser de una mayor resolución. En otras palabras, los cuadritos deben ser lo más pequeño posible para no ser percibidos por nuestros oídos. A continuación un ejemplo de esto.

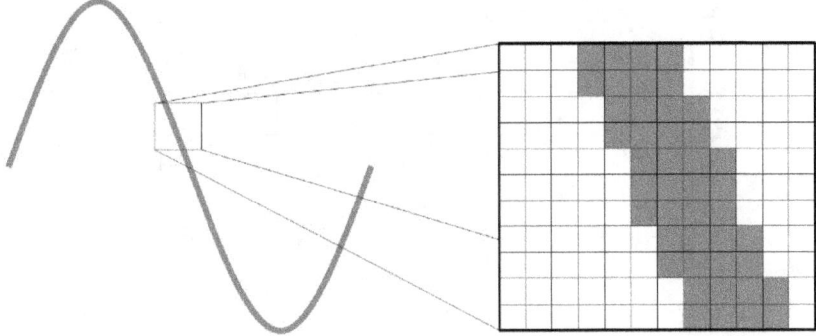

En esta ilustración ven cómo una onda, que se ve relativamente bien, se puede componer de cuadritos más pequeños. De esa manera podemos lograr representaciones de ondas menos cuadriculadas. Para lograr este mismo efecto en el audio digital para un disco compacto digital (CD) debemos utilizar una resolución más grande a lo largo y a lo ancho utilizando más cuadros para dibujar con mayor detalle. En el caso de audio digital en un CD utilizamos 65,536 cuadros de arriba-abajo (Bits) y 44,100 (Sampling Rate) cuadros por cada segundo de izquierda-derecha.

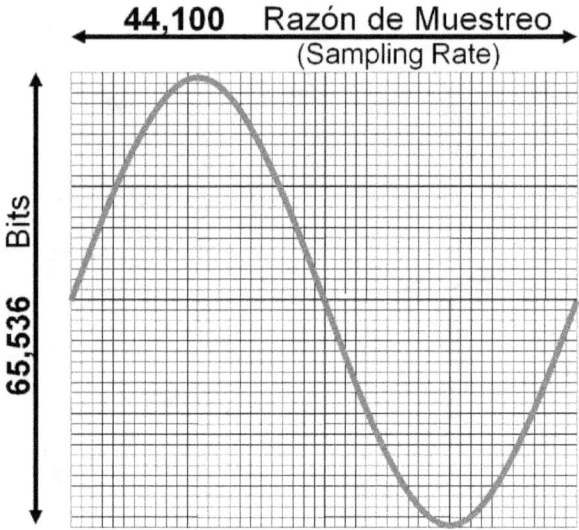

Los 65,536 cuadros de resolución de arriba-abajo son la resolución disponible para la amplitud. Los 44,100 por cada segundo de izquierda-derecha son la resolución de las frecuencias. Como la calidad de la representación de las frecuencias depende mucho de la resolución digital, se creó un procedimiento para cuidar dicha resolución. Esto lo explicó el ingeniero Harry Nyquist al cual se le atribuye el teorema a continuación conocido como el **Teorema de Nyquist**.

Teorema de Nyquist

El **Teorema de Nyquist** presenta que para adecuadamente representar una frecuencia de una onda debemos tener el doble de muestras o "samples" de la frecuencia más alta que se convertirá. En otras palabras, si deseamos representar en el mundo digital una onda de 100 Hz deberíamos tener el doble de esto, o sea, 200 muestras para poder representar esta onda adecuadamente.

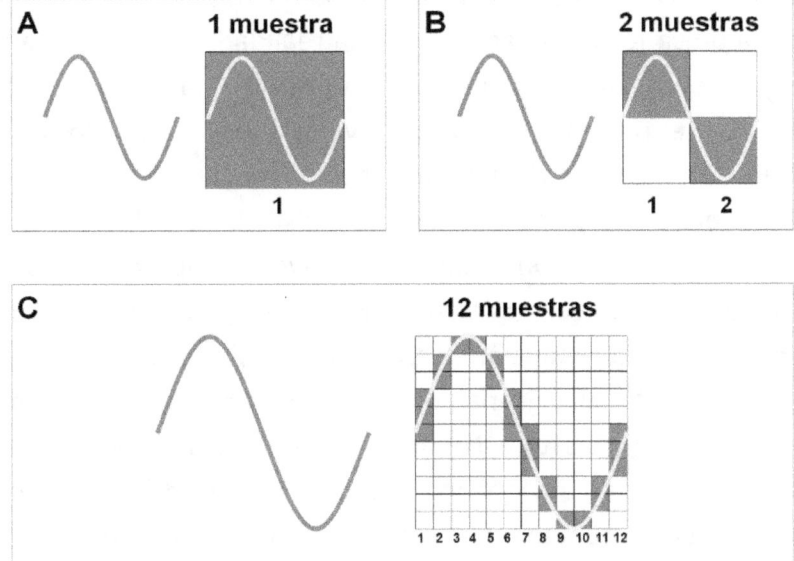

La ilustración anterior, nos presenta un ejemplo visual de esto. Como pueden apreciar en el ejemplo A, un ciclo de una onda tratará de dibujarse con 1 muestra. Notarán que la onda completa se convertiría en un solo cuadro o bit. Este cuadro no representa una onda. Sin embargo, en el ejemplo B vemos la onda representada con 2 muestras (o columnas). Según Nyquist, aunque no es perfecta, esta representación al menos representa las crestas positivas y negativas de la onda.

Si observan bien en el ejemplo B, una onda se representa con 2 muestras. Las muestras son el doble de los ciclos de la onda. Aquí vemos aplicado el teorema de Nyquist. Pero todavía la representación de la onda no parece la original. Ahora vamos a tomar más muestras de la misma onda mirando el ejemplo C. Aquí tenemos un ciclo de una onda representado por 12 muestras. Si miran bien esta representación de bits o cuadros se parece más a la onda original. Todavía se ve cuadriculada pero nada es perfecto en el mundo digital si lo comparamos al mundo real. La única forma de acercarse a la realidad es incrementando la resolución hasta el infinito si fuera posible, pero no lo es. Por tal motivo, el teorema de Nyquist ayuda a representar lo mismo pero la resolución de muestras debe ser mayor que meramente el doble para acercarse a la realidad. Esto explica la llegada de sistemas digitales con números mayores de resolución - usualmente llamados sistemas HD como corto de "High Definition" o Alta Definición. La pregunta es, ¿hasta qué punto o cuáles circunstancias sería el ser humano capaz de notar diferencias? Aquí es que comienzan las controversias y luchas entre los expertos y aficionados. No debemos olvidar los aspectos de percepción humana presentados en la Sicoacústica. A continuación nos alejaremos de las controversias y presentaremos unas guías prácticas para seleccionar mejor las resoluciones a la hora de realizar una producción.

Resolución de Bits

La resolución en Bits se conoce como el alcance dinámico o la resolución de arriba-abajo que puede tener una onda digital. En las especificaciones del audio digital en los discos compactos (CD) se utiliza mucho el término 16 bits. En realidad los 16 bits son una manera de abreviar 2^{16} = 65,536. El concepto es que dos posibilidades digitales (el 0 y el 1) a la potencia de 16 representa el número total de 65,536 posibilidades de resolución de arriba-abajo para una onda. No obstante, en términos reales el alcance dinámico se mide en decibeles. A continuación se encuentra una tabla para explicar las resoluciones del alcance dinámico en el audio digital.

Relación entre el Bit en Audio Digital y el Alcance Dinámico

Bits	Cantidad (Resolución)	Alcance Dinámico (dB)	Uso
16	65,536	96.32	CD
20	1,048,576	120.40	A/D viejos
24	16,777,216	144.48	A/D nuevos
32	4,294,967,296	192.64	Procesos Internos
64	18,446,744,073,709,551,616	361.20	

Recuerde que el alcance dinámico del oído es:

Teóricamente   120 dB
Realmente   92 dB

Como podemos apreciar en la tabla anterior, 16 bits equivalen a 65,536 bits de resolución para las amplitudes. Esto a su vez sería un equivalente de 96.32 dB como alcance dinámico.

En la parte de abajo de la tabla, recalcamos que el alcance teórico de amplitud en una onda es de 120 dB, pero realmente, dado al ruido que nos rodea constantemente (28 dB), sabemos que contamos con menos y estos son aproximadamente una diferencia de 92 dB. Esto hace que la resolución de 16 bits supere lo que normalmente escuchamos. Ahora en la tabla vemos otras resoluciones como 20, 24, 32 y 64. La realidad es que todas superan el alcance real de amplitud de 92 dB.

El audio con 16 bits usualmente se utiliza para discos compactos (CD), con 20 bits para algunos convertidores antiguos de análogo a digital (A/D), con 24 bits para los convertidores (A/D) modernos, con 32 bits para procesos internos de procesamiento dentro de los programas de audio, y con 64 bits para procesos internos de los programas de audio de alta definición. Este último es muy raro pero algunas herramientas de "Masterización" y Edición lo utilizan.

Resolución de Razón de Muestreo (Sampling Rate)

A continuación tenemos otra tabla pero que esta vez nos presenta las resoluciones para las frecuencias y sus límites.

Relación entre el Muestreo (SR) y la Respuesta de Frecuencia (Nyquist)

Muestreo (SR) en KHz	Uso Principal	Respuesta de Frecuencia hasta
44.1	CD Musical	22,050 Hz
48	DVD - Películas	24,000 Hz
88.2	Audio Alta Definición	44,100 Hz
96	DVD - Video Alta Definición	48,000 Hz
192	Audio Alta Definición	96,000 Hz

Recuerde que la Respuesta de Frecuencias del oído es:

Teóricamente	20 Hz – 20 Khz
Realmente	40 Hz – 12 Khz

Como pueden apreciar, la tabla de arriba nos ilustra las resoluciones de Muestreo (Sampling Rate), su alcance o respuesta de frecuencias y sus usos principales. Podemos ver cómo se limitan las respuestas de frecuencia en cada formato. Si vemos bien, 44.1 KHz SR se utiliza en Discos Compactos de Audio (CD). Este muestreo de 44.1 nos ofrece un máximo de representación de frecuencia, según Nyquist, de 22 KHz lo cual supera nuestros límites teóricos (20 Khz), pero aún más los límites reales que indican que solo podemos percibir exitosamente hasta los 12 KHz. Sabemos que el teorema de Nyquist nos ofrece los parámetros mínimos para representar bien estas altas frecuencias.

Para mejorar esto se han creado los siguientes Sampling Rates o Razones de Muestreo: 48 KHz para responder a las películas en DVD, 88.2 KHz para Audio de Alta definición, el 96 KHz para DVD o video de alta definición (BluRay), el 192 KHz para Audio HD o de alta definición. En realidad, la mayoría de las aplicaciones utiliza los SR más comunes: 44.1 KHz y 48 KHz ya que superan nuestra percepción y toman menos recursos de nuestras computadoras. A continuación los formatos de grabación más comunes en la industria.

Resoluciones Recomendadas para Grabaciones Digitales

Muestreo (SR) en KHz	Bits	Uso Principal
44.1	16	CD Musical
48	24	DVD - Películas
88.2	24	Audio Alta Definición
96	24	DVD - Video Alta Definición (BluRay)
192	24	Audio Alta Definición

Se pueden utilizar otras resoluciones o combinaciones al grabar, pero al final se tendrán que convertir en una de las mencionadas arriba ya que son las referencias de la industria.

Capítulo IV

Herramientas Principales para Procesar Audio

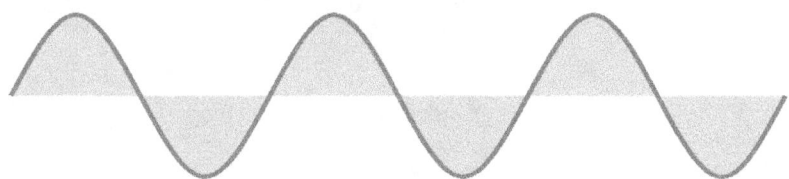

Herramientas de una Mezcla
Mono, Estéreo y Envolvente (Surround)

Cuando se comenzó a trabajar con audio eléctricamente en los primeros sistemas de teléfono se crearon equipos básicos con un micrófono y una bocina. Para estos teléfonos el propósito era práctico, lograr enviar una voz a larga distancia por un cable. El concepto de calidad y de localización panorámica del audio no era de importancia al momento. Estos primeros equipos los conocemos como sistemas **Monofónicos** (o Mono). También se les conoce como sistemas **Monoaurales** que significa una fuente de sonido.

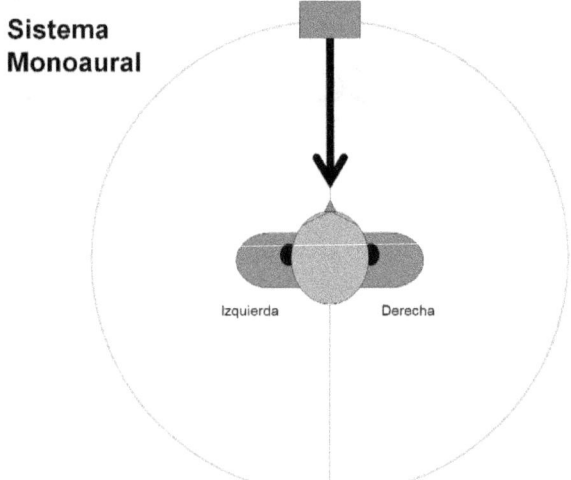

Sistema Monoaural

Izquierda   Derecha

Como ven arriba, en un sistema monoaural, tenemos una bocina en frente de una persona. La ilustración, vista desde arriba, presenta a una persona en el centro con una bocina directamente al frente. Como ya se presentó anteriormente en el tema de localización, sabemos que el sonido de la bocina llega a los dos oídos simultáneamente. Este sistema funcionaba pero limitaba nuestra percepción ya que tenemos dos oídos.

Al principio se notaba esta gran diferencia cuando se grababan orquestas y en las grabaciones no podíamos identificar cuál instrumento estaba en la izquierda o derecha. Dada esta limitación sensorial desde los años 1880 se estaban trabajando conceptos para corregir estas limitaciones. Cerca de 1930, Alan Blumlein patentizó tecnologías para sistemas de múltiples bocinas. A partir de ese momento se crea el concepto de sonido **Estereofónico** o **Biaural**. Estéreo viene del término "sólido" o "completo" en griego. La idea era sencilla, si tenemos dos oídos, por qué no utilizar dos bocinas. Una bocina para el oído izquierdo y una para el oído derecho.

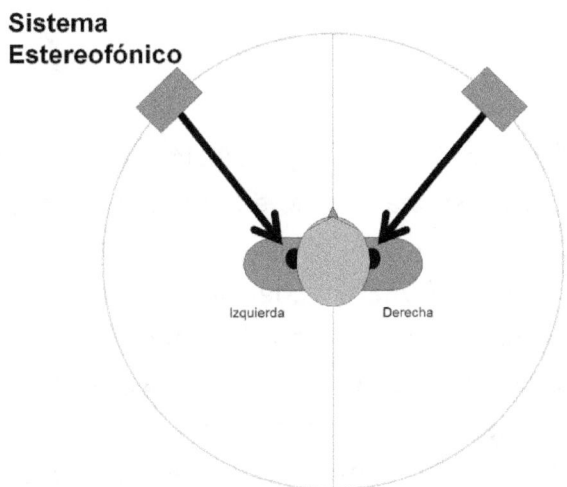

Como pueden notar en la figura de arriba, en el sistema estereofónico tenemos una bocina para cada oído. Lo importante en estéreo es estar en el centro de las dos bocinas, pero a la misma distancia de cada bocina en relación con la distancia de las dos bocinas. Por este motivo, se sugiere estar en el punto óptimo de la imagen estereofónica creando un triángulo equilátero entre el oyente y las dos bocinas.

En la siguiente ilustración tenemos una demostración de esto.

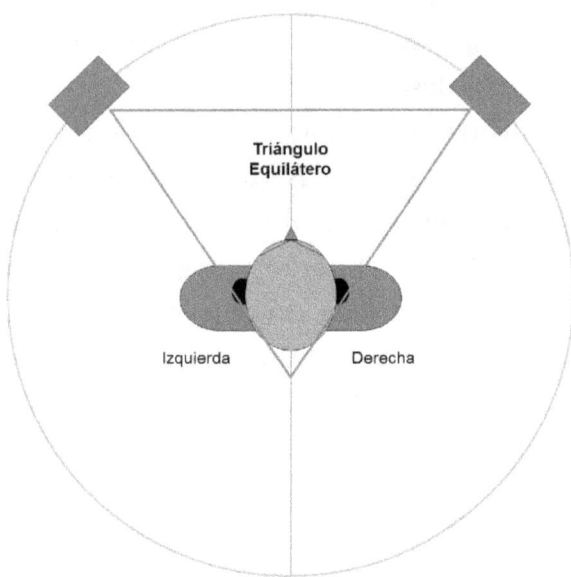

Arriba vemos el punto óptimo de percepción estereofónica. La gran ventaja de este sistema es que, en una grabación, podemos identificar la localización panorámica (izquierda-derecha) de cada instrumento y lograr así una experiencia más real y agradable. Este es el sistema de mayor uso a nivel mundial. Por esta razón, el estéreo se ha convertido en el sistema más utilizado por los ingenieros. No obstante, este no es perfecto debido a que la localización en estéreo tiene muchos problemas y controversias. El concepto de estar en un triángulo equilátero es un ejemplo de ello ya que desafortunadamente esto no se aplica a la realidad. Un ejemplo de esto ocurre en los conciertos.

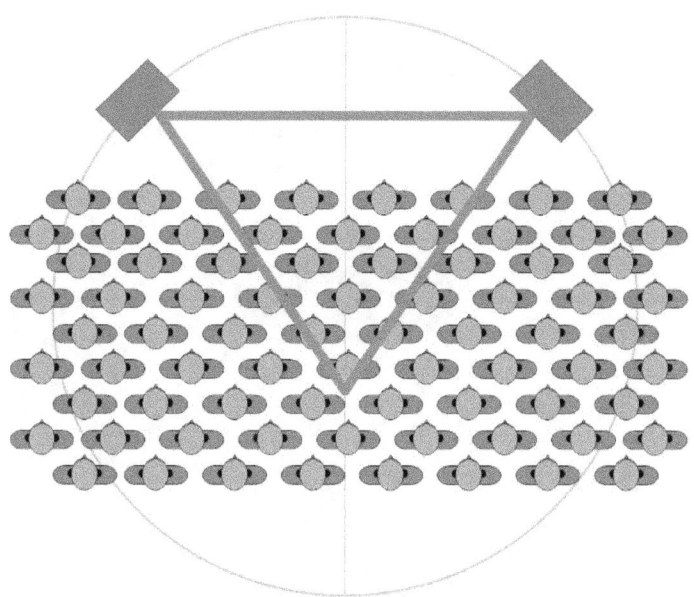

En el ejemplo anterior vemos cómo un verdadero sistema estéreo en un concierto no es posible dada la cantidad de personas que no pueden estar en el punto óptimo. En este caso, el estéreo en los conciertos se ha convertido en un "mito urbano" que puede presentar controversias. Por otro lado, muchas investigaciones han demostrado que el panorama de izquierda-derecha carece de realidad debido a la presencia de solo dos bocinas. En otras palabras, lo que escuchamos en el centro no es real, ya que no existen bocinas ahí. Por tal motivo muchos expertos llaman a los sonidos creados entre las dos bocinas como "fantasmas".

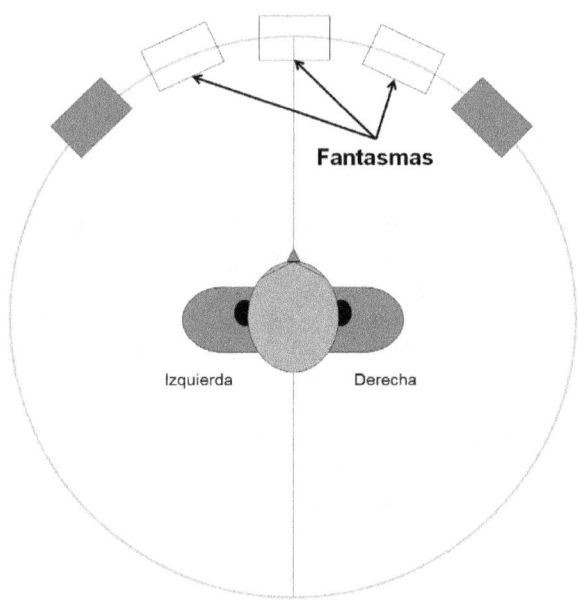

Estos fantasmas creados en el centro del sonido en estéreo nos dan la impresión de que existen bocinas o sonidos entre las dos bocinas. El argumento de muchos es que el audio de estos fantasmas ayudan en la localización panorámica (izquierda-derecha) de sonidos pero carecen de fidelidad en comparación con el sonido de una bocina real. En otras palabras, el sonido fantasma es inferior al sonido de una bocina real. Como resultado, esto ha causado la creación de sistemas alternos de sonido en estéreo con más bocinas. De hecho, algunos experimentos han utilizado hasta 80 bocinas de izquierda a derecha. Obviamente esto no es práctico para sistemas comerciales, pero sí existen comercialmente sistemas de sonido con tres bocinas: Izquierda - Centro - Derecha. Aunque esto ayuda a la localización panorámica del centro, tiene el efecto de degradar la claridad de todos los sonidos entre las bocinas.

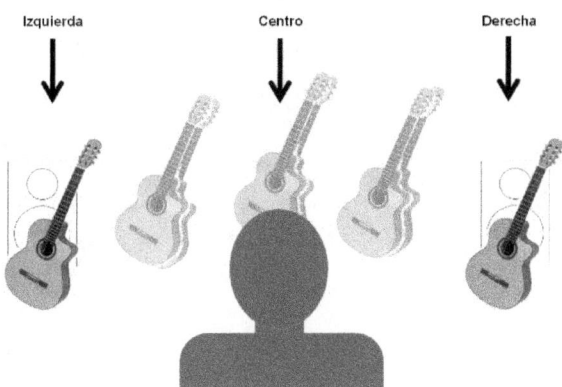

En esta ilustración vemos cómo los fantasmas en el centro de las bocinas carecen definición y claridad. En cambio para corregir esto lo mejor es añadir físicamente otra bocina en el centro del panorama como aparece en la próxima ilustración.

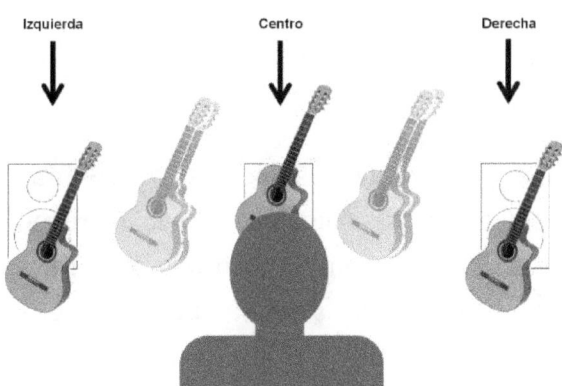

Observen cómo la guitarra del centro se percibe con mayor claridad al tener una bocina que la reproduzca. Todavía hay dos guitarras para mejorar en el centro izquierdo y en el centro derecho. En un mundo ideal lo mejor sería tener un sistema infinito de bocinas que nos rodeen como se presenta en la figura de abajo, pero la complejidad y el costo nos obligan a tener que conformarnos con menos bocinas alrededor.

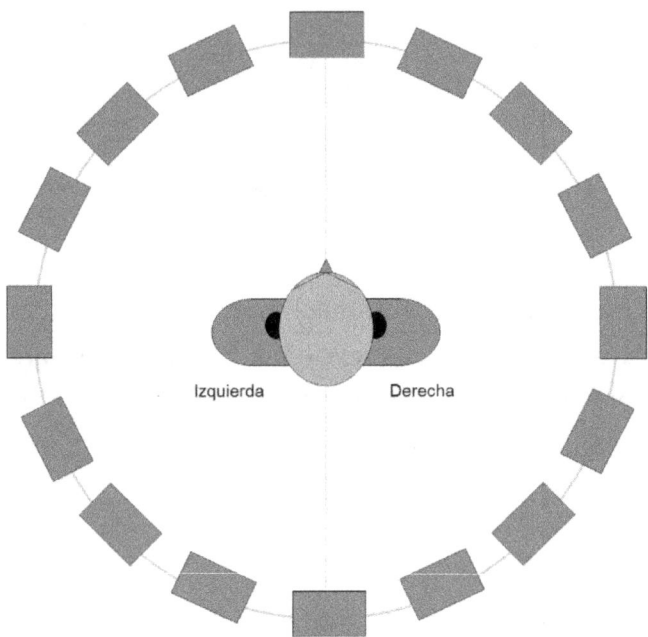

Por tal razón, se han creado los sistemas de **Sonido Envolvente** o "**Surround**", sin embargo, solo han tenido éxito en las salas de cine debido a su costo y complejidad como ya mencionamos. A continuación un ejemplo de sistemas utilizados en algunas salas de cine.

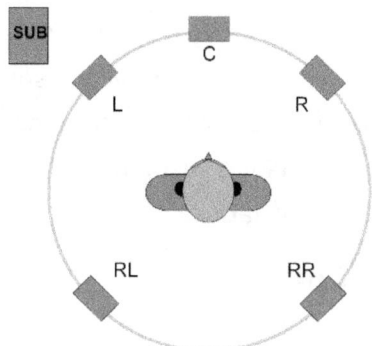

Surround 5.1

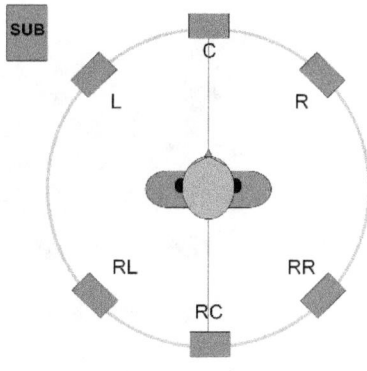

Surround 6.1

Surround 7.1

Consolas o Mezcladoras de Audio (Mixer)

El equipo más conocido en el mundo de audio se llama la **Consola de Audio** o **Mezcladora**. Debido a que la gran mayoría son consolas para mezclar Mono y Estéreo explicaremos únicamente las mezcladoras Mono-Estéreo. Estas consolas usualmente se diseñan para trabajar ambos sistemas mencionados.

Mezcladora de Audio

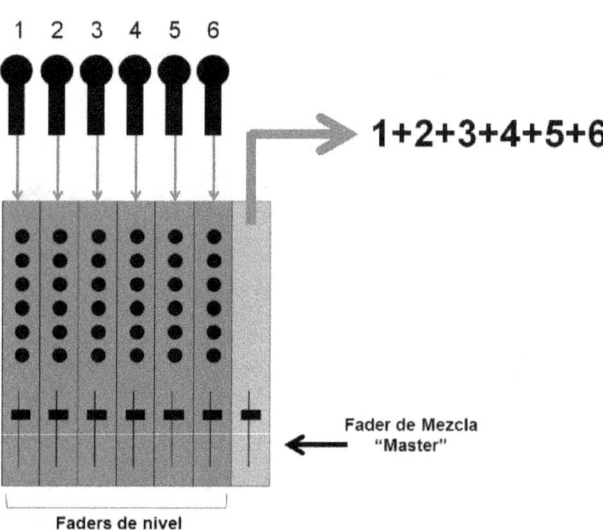

El propósito de una consola o mezcladora es precisamente mezclar o combinar múltiples sonidos en uno. En la figura de arriba se demuestra este concepto por medio de 6 micrófonos que entran a la consola y se combinan para salir todos sumados o mezclados. En los Faders de Nivel se puede ajustar individualmente el micrófono que queremos escuchar más o menos fuerte en la suma final. Si en algún momento queremos bajar todos los micrófonos, podemos bajar el Fader "Master" o tratar de bajar todos los Faders de Nivel a la vez.

Aunque es un ejemplo muy sencillo, ayuda ver una mezcladora como un embudo que combina todos los ingredientes o sonidos que entran y permite que salgan mezclados.

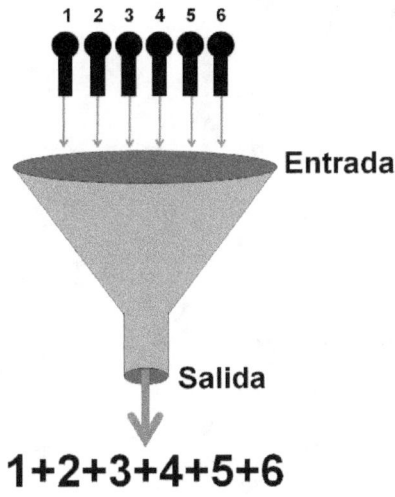

Las primeras mezcladoras de audio eran sencillas y usualmente las construía el mismo operador, de ahí surge en nombre de los ingenieros de sonido ya que utilizaban sus conocimientos de electrónica y tecnología para ingeniar las mismas. Sin embargo, con el tiempo las mezcladoras se convirtieron en equipos grandes con muchas herramientas y controles. De hecho, las consolas de hoy son creadas casi exclusivamente por manufactureros y no por sus usuarios. Por esa razón, algunos se resisten a utilizar el título de "Ingeniero" para los operadores modernos.

Partes Principales de Mezcladoras

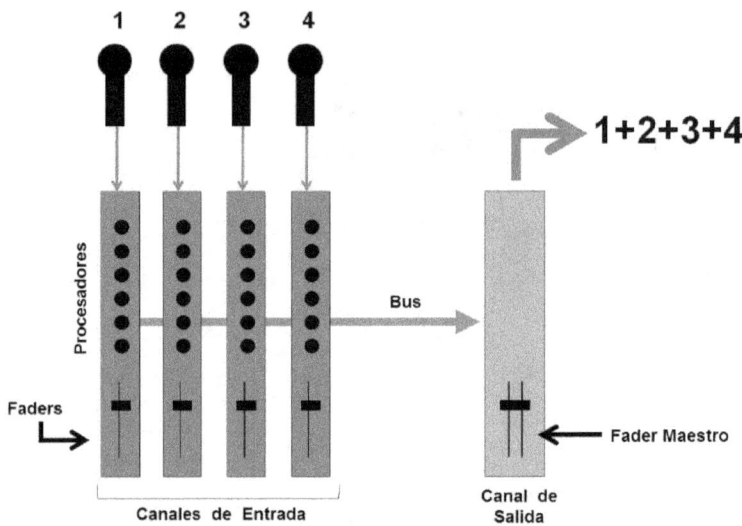

En la ilustración de arriba se pueden ver cuatro micrófonos que entran a un canal de una consola. Cada canal es un mundo aparte. Es como tener cuatro equipos de sonido separados, cada uno con un micrófono conectado. Por medio de los Faders, en estos canales podemos subir o bajar el nivel en ese canal de entrada. Dentro de la mezcladora tenemos un camino eléctrico, llamado el "Bus", por donde se suman y viajan todos los sonidos de cada canal y se dirigen hacia un canal de salida (a la derecha). Este canal de salida tiene a su vez un Fader para controlar el nivel de la suma de los canales de entrada.

Por otra parte, cada canal de entrada puede tener procesadores adicionales que pueden incluir **Ganancia** o **Trim** (para enviar al canal un nivel más robusto de señal), **Ecualizadores** (para cambiar la opacidad o brillantez de un sonido), **Compresores** (controles automatizados de nivel o volumen), **Salidas Auxiliares** (para enviar completa o parcialmente la señal de este canal a otro lugar), y el **Control de Panorama** o **"Paneo"** (para enviar este canal hacia la salida izquierda o derecha del bus para señales en estéreo). Como cada mezcladora o consola cambia según su manufacturero o modelo, la mejor fuente de información para su uso óptimo está en el Manual del Manufacturero. Es importante leer y aprender las funciones de la consola que estén operando. Por otro lado, las nuevas generaciones de ingenieros y productores utilizan programas de computadoras que integran consolas virtuales muy poderosas y flexibles lo que provoca que cada vez se utilicen menos las consolas físicas

Ganancia Unitaria (Unity Gain)

Aunque no vamos a profundizar en las tecnologías de las consolas, es importante mencionar el concepto de **Ganancia Unitaria** para utilizarlas de manera óptima.

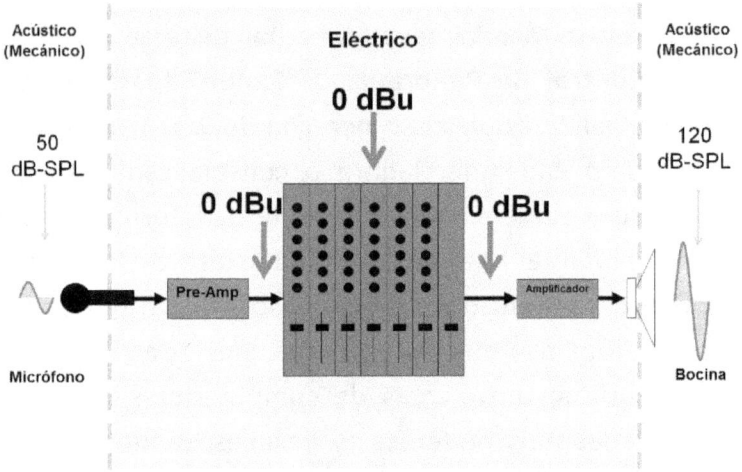

Los niveles deben estar idealmente en 0 dBu
entre los equipos para estar a un nivel óptimo.

En la figura de arriba pueden apreciar un sistema básico de amplificación en vivo. A la izquierda tenemos un micrófono que recoge un sonido a 50 dB SPL (en el mundo real o acústico). La señal recogida se convierte en electricidad y pasa a un **Preamplificador** cuyo trabajo es amplificar la señal del micrófono a un nivel óptimo para entrar a la consola. Aquí es que comenzamos a verificar que estas señales estén siempre lo más cerca posible a 0dBu (mundo eléctrico). Dentro de la consola debemos tratar de mantener el sonido lo más cerca a 0dBu todo el tiempo hasta que llegue al amplificador final que controla la bocina. Finalmente, el amplificador intensifica la señal eléctrica y mueve la bocina que convierte la señal eléctrica a una acústica que termina midiendo 120 dB-SPL.

El proceso de calibrar cada etapa en el mundo eléctrico a 0dBu se conoce como **Ganancia Unitaria** o **"Unity Gain"** debido a que estamos monitoreando la ganancia en cada unidad o eslabón de la cadena eléctrica de equipos o procesos para mantener los circuitos eléctricos en su punto óptimo. Si la señal pasa los 0dBu se acerca a la sobre-modulación y comienza a distorsionarse, mientras que si está por debajo de 0dBu se acerca al ruido y como resultado será débil y ruidosa.

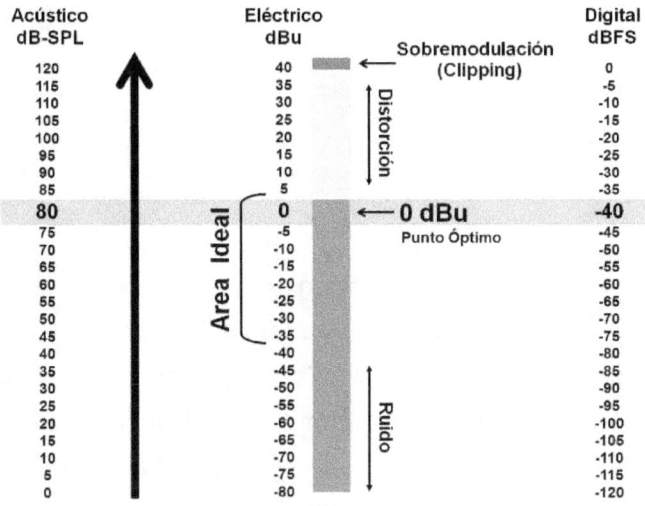

En esta ilustración se comparan tres escalas: dB-SPL, dBu y dBFS. Las tres miden los tres mundos del audio: Acústico, Eléctrico Análogo y Eléctrico Digital. La ganancia unitaria se realiza en los dBu (mundo eléctrico) y se mantiene el promedio de los niveles llegando pero no pasando el 0dBu. En la ilustración podemos comparar aproximadamente a qué debería corresponder el punto óptimo en las diferentes escalas. También es importante mencionar que no todos los manufactureros calibran sus equipos y metros precisamente haciendo lo recomendado arriba lo cual complica nuestro trabajo.

Controles Principales de la Consola

Las consolas o mezcladoras tienen múltiples controles. En la siguiente ilustración se presentan algunos de los más comunes.

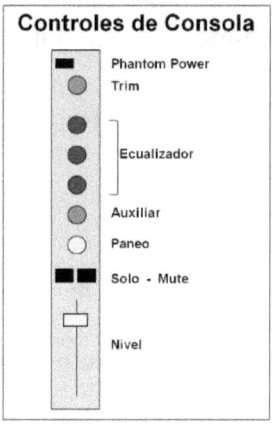

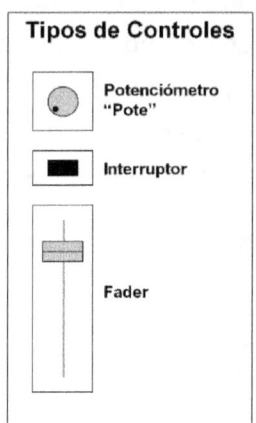

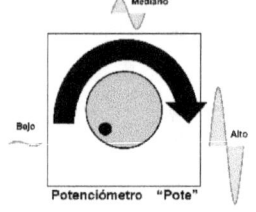

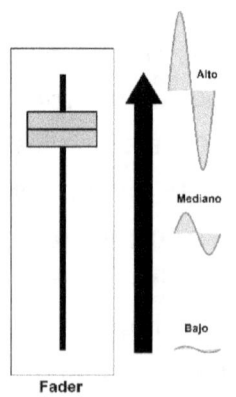

Como pueden ver, arriba a la izquierda tenemos un canal de una consola y todos sus controles. Para comprender mejor, a la derecha están los símbolos de los Tipos de Controles. A la derecha arriba vemos el **Potenciómetro**, un control circular que si se rueda en dirección del reloj su valor sube. Más abajo vemos un interruptor o "switch" de presión que se oprime para encender o apagar algo en una consola. Finalmente, debajo del interruptor, tenemos un Fader. Este es similar a un potenciómetro pero en vez de rodar para subir su valor, este se sube la incrementar y se baja para disminuir una señal.

En el lado izquierdo de la ilustración, arriba vemos un interruptor de **"Phantom Power"** o **Alimentación Fantasma**, que se utiliza para darle corriente eléctrica a los **micrófonos de condensador**, es decir, a los micrófonos que necesitan electricidad para funcionar. En contraste, los **micrófonos dinámicos** usualmente no necesitan corriente eléctrica para operar. Más abajo vemos un potenciómetro llamado **"Trim"** que se encarga de hacer que una señal débil o fuerte se pueda ajustar al nivel óptimo de la consola o la ganancia unitaria (como ya explicamos) a través de un pre-amplificador. Vemos también tres potenciómetros utilizados para el **Ecualizador**, el circuito que se usa para procesar las frecuencias de un sonido haciéndolo sonar más opaco o brillante. El siguiente es el **Auxiliar**, el cual utilizamos para enviar el audio de este canal a otra parte. Más abajo podemos ver dos interruptores llamados: **Solo** y **Mute**. El mute se utiliza para apagar o silenciar el sonido de este canal y el solo que se utiliza para escuchar solamente este canal silenciando los otros. Continuando con los controles llegamos a los más importantes -estos están más claros en las próximas ilustraciones- conocidos como el **Fader de Nivel** y el **Potenciómetro de Panorama** o **"Paneo"**. El control de "Paneo" se utiliza en estéreo para colocar el sonido de un canal al bus izquierdo o derecho en la salida principal. La siguiente ilustración nos presenta el paneo según nuestro punto de vista frente a dos bocinas, en otras palabras, la localización panorámica de izquierda-derecha.

Control de Panorama "Paneo" (Panning)

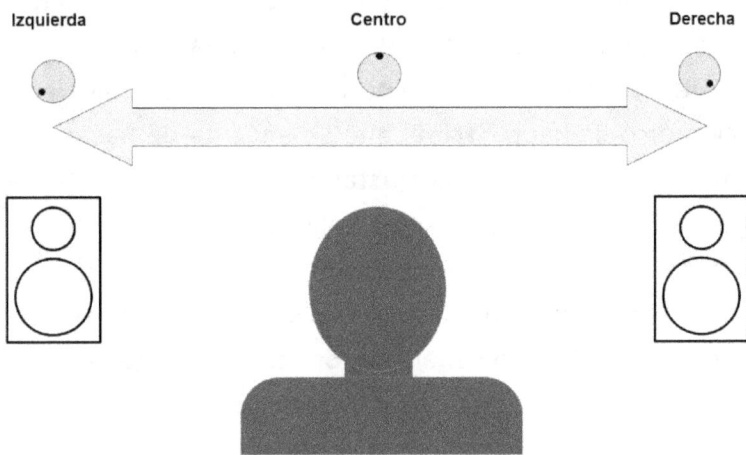

Si rodamos este control a la izquierda, el sonido se moverá al lado izquierdo del panorama estereofónico. Por el contrario, si rodamos el control a la derecha el sonido se moverá a la derecha del panorama.

El otro control principal en la consola es el **Control de Nivel**. Este control usualmente se controla con un Fader y cuando se sube incrementa el volumen o nivel del canal y da la impresión de que se acerca más a nosotros. Por otro lado, si bajamos el nivel del Fader, baja el volumen y da la impresión de que el sonido se aleja hasta que desaparece.

Control de Nivel (Level Control)

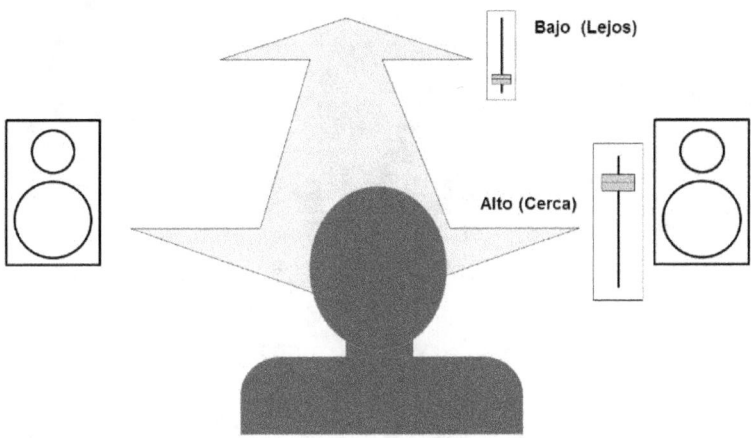

En la ilustración de arriba se presenta cómo al bajar el Fader el volumen baja y da la impresión de estar más lejos. Mientras que si hacemos lo contrario, el volumen sube y da la impresión de acercarse más a nosotros. Es importante reiterar que el Fader de Nivel y el potenciómetro de "Paneo" son los controles principales utilizados para crear mezclas interesantes.

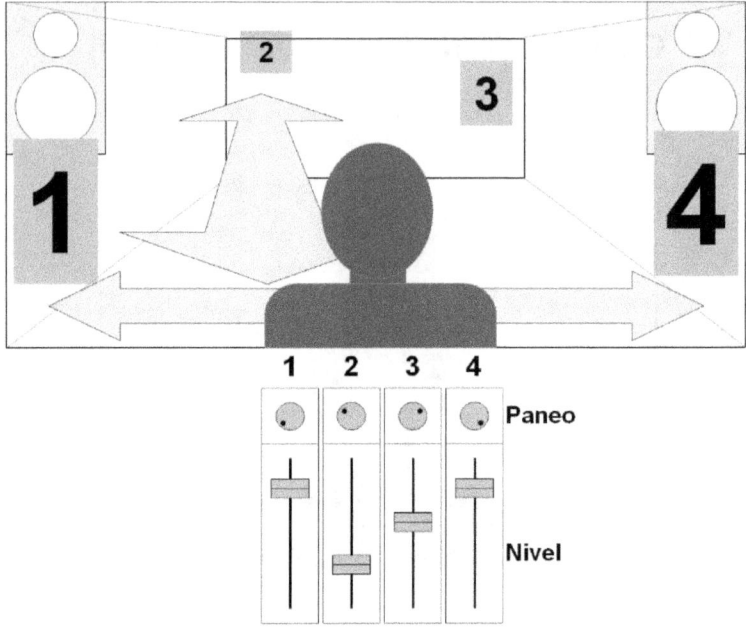

En la ilustración arriba vemos un ejemplo de cuatro sonidos en diferentes canales y cómo con la consola, sus controles de Nivel y Paneo podemos crear una simulación de un espacio por medio de una mezcla. Si observan abajo, el canal 1 está a la izquierda en paneo y a un nivel muy fuerte. Por esta razón, vemos que el oyente percibe que el 1 sale del lado izquierdo con un sonido alto y fuerte. Por otra parte, el 3 se encuentra paneado entre el medio y la derecha a un nivel intermedio por lo que el oyente percibe el 3 un poco más distante, pero localizado entre el medio y la derecha. Si observamos bien el 2 es el más distante y con menos volumen lo cual se logró bajando bastante el Fader de Nivel de la consola. Esto es solo un ejemplo básico de cómo en una consola se realizan mezclas con sus controles básicos de Nivel y Paneo.

Procesadores de Audio (Audio Processors)

A continuación tenemos un desglose de las categorías principales de procesadores de Audio. Como pueden apreciar, los procesadores principalmente trabajan modificando en un sonido o señal la Frecuencia, el Tiempo (Fase) y el Volumen (Nivel). Algunos expertos pueden añadir la categoría de Ruido y la Sicoacústica, no obstante, en muchos casos estas son el resultado de combinaciones de la primeras tres.

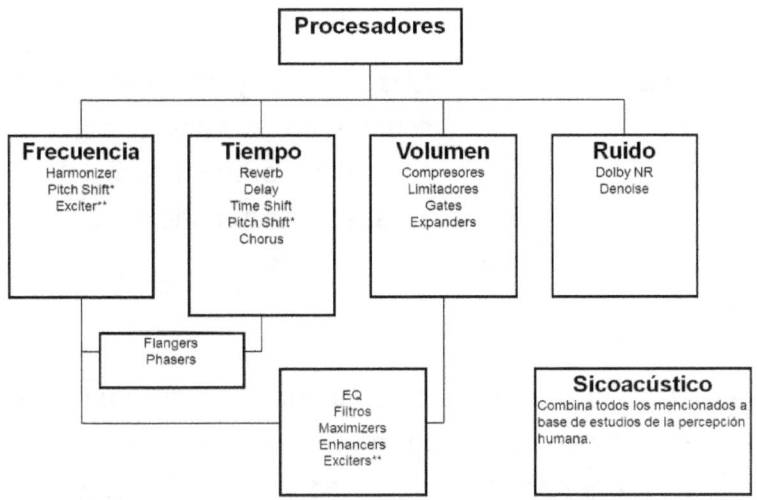

* Pitch es afectado por la Frecuencia lo cual a su vez depende del Tiempo.
** Exciters son Compresores sensitivos a Frecuencia.

A continuación una breve descripción de cada una de las categorías:

Frecuencia   Mayormente afecta el tono o tonos de una señal.

Tiempo	Puede adelantar o atrasar una señal y como resultado afecta la fase en relación con otras señales.
Nivel	Modifica la amplitud o altura de una señal. Esto, en cambio, puede afectar su volumen.
Ruido	Es un proceso combinado en donde reducimos o eliminamos ruido o señales dentro de otra señal o sonido.
Sicoacústico	Utilizan todas las categorías mencionadas para procesar señales de manera inteligente según los últimos descubrimientos del cerebro humano y sus características o límites de percepción.

En la ilustración anterior se presenta de manera general dentro de cuál categoría caen los procesadores. En las próximas páginas se presentarán algunos de los procesadores principales de audio que han resultado de las categorías ya mencionadas.

Ecualizador (Equalizer)

En el mundo eléctrico de audio tenemos varias herramientas para procesar el audio. Entre las más importantes se encuentra el **ecualizador** cuyo propósito es subir o bajar una o varias frecuencias del espectro humano según sea necesario.

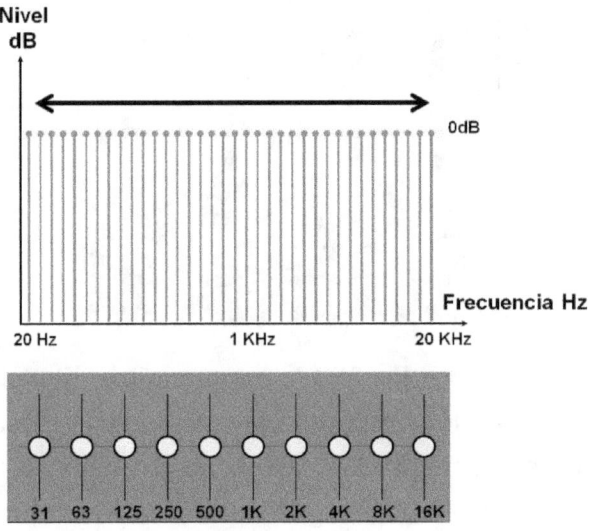

Arriba vemos el espectro de frecuencias que escuchamos de 20Hz a 20KHz. Abajo tenemos un ecualizador gráfico sin ajustar. Como pueden ver la respuesta de frecuencia arriba está plana o recta de izquierda a derecha. Ahora, si cambiamos algunas frecuencias del ecualizador podemos ver cómo cambia el espectro plano. En la siguiente ilustración, bajando el ecualizador en los 63Hz. Notarán que las frecuencias cerca de los 63Hz bajan creando un valle o hueco.

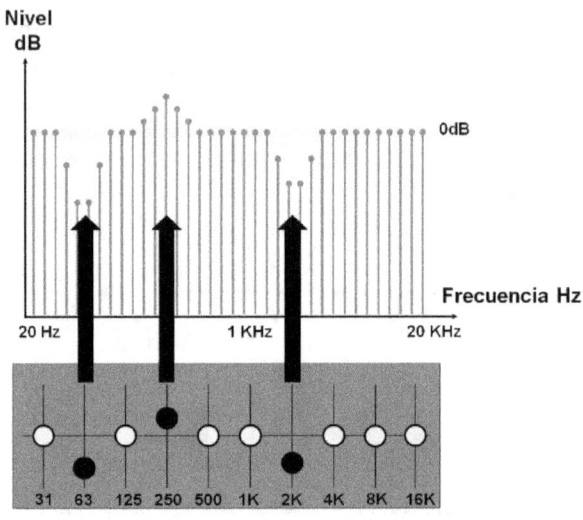

También si subimos los 250Hz unos cuantos dB y observamos que se crea una pequeña montaña en la respuesta cerca de los 250Hz. Lo mismo se hace con los 2KHz y vemos cómo estas frecuencias cerca de los 2KHz bajan igual que el control que modificamos. Con el ecualizador podemos escoger la frecuencia o frecuencias que deseamos cambiar subiendo o bajando el control correspondiente. Con esta herramienta podemos cambiar el espectro de frecuencias en un sonido para crear un efecto o para corregir algún resultado no deseado. Muchos ingenieros utilizan los ecualizadores para corregir frecuencias resonantes en un cuarto o para calibrar la respuesta de frecuencias de un equipo. De hecho, el término ecualizador proviene de la palabra "igualar". Una traducción correcta sería un "igualador" pero sonaría un poco extraño utilizar ese término porque hoy se usa el nombre ecualizador. La razón original para crear el ecualizador era para corregir errores de frecuencias que ocurrían en sistemas telefónicos.

Usualmente utilizaban ruido blanco o rosado para ver una línea en un analizador de espectro, si no veían una línea se podían corregir los valles y montañas hasta igualar una línea como la del ruido original. En fin se utilizaba el ecualizador para igualar dos respuestas diferentes y calibrar sistemas de sonido.

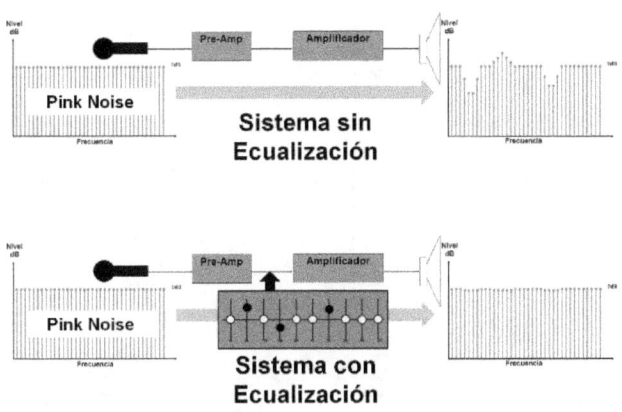

Arriba vemos un sistema de sonido sin ecualización. Podemos apreciar cómo el espectro plano de frecuencias es alterado por el equipo. Sin embargo, abajo tenemos el mismo sistema de sonido con ecualización aplicada para corregir los errores. Podemos apreciar cómo la salida de la bocina es más plana (como el original). Esto se conoce como la calibración de las frecuencias en un sistema de sonido. Aunque su propósito original era el de corregir sistemas de sonido, con el tiempo los ingenieros en la música comenzaron a utilizar el ecualizador para "sazonar" la música para que sonara mejor a nuestros oídos o para crear efectos especiales con el ecualizador. Con el pasar del tiempo el ecualizador se ha convertido en una herramienta principal en la producción de audio y si se utiliza correctamente puede ser muy poderosa a la hora de realizar una mezcla o masterización.

Compresor (Compressor)

Otra herramienta de mucho uso en el audio es el **Compresor**. Originalmente se creó para controlar volúmenes o niveles para evitar daños a los equipos electrónicos de audio, pero como en la música siempre se combinan el arte y la ciencia terminamos utilizado el compresor con propósitos más creativos.

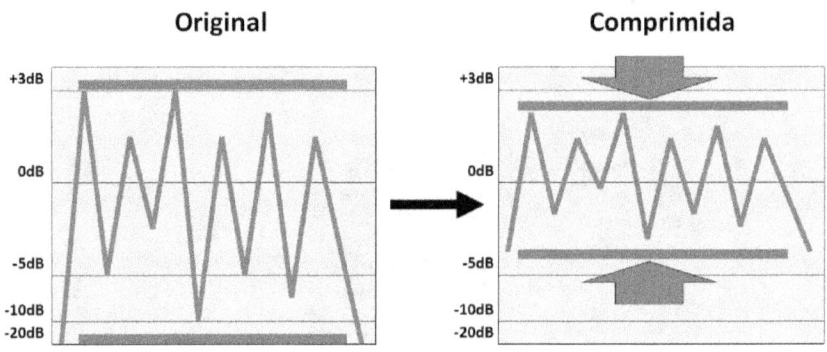

En la ilustración, tenemos una señal original a la izquierda y una comprimida a la derecha. Como vemos a la señal comprimida se le reducen las crestas de amplitud de forma tal que creamos una señal original pero menos dinámica o sea más comprimida en su amplitud. Si observan bien los metros VU de su equipo verán que la señal comprimida se mueve de arriba-abajo de forma controlada, mientras que la señal original se mueve de arriba-abajo de manera más drástica. Para explicar este ejemplo vean la siguiente ilustración.

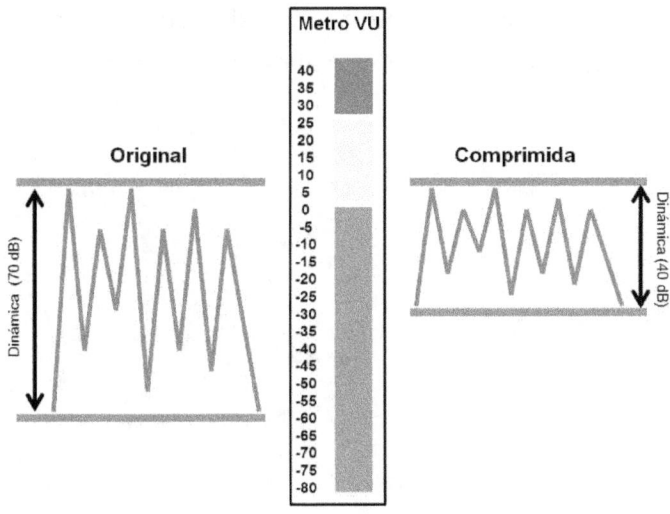

Como pueden notar arriba, la señal del original tiene un rango dinámico mayor que fluctúa entre los +10dB hasta -60dB y llega a un total de 70dB de Alcance Dinámico. Sin embargo, la señal comprimida tiene un rango que fluctúa entre los +10 dB hasta -30 dB haciendo un rango dinámico de 40 dB. Mirando el metro podemos ver si una señal está comprimida o no. Si vemos saltos drásticos en el metro sabemos que no hay compresión y si vemos muchos saltos rápidos del metro de manera limitada sabemos que hay compresión. La compresión sube el nivel de energía en un sonido dando la impresión de un mayor volumen. No obstante, si se comprime demasiado el audio suena desagradable y fatigador. Curiosamente nuestro cerebro se puede adaptar a la compresión haciendo a uno creer que suena bien a pesar de tener demasiada compresión lo cual ocasiona que nuestros sentidos nos engañen a tomar decisiones erróneas. Por este motivo debemos tener prudencia a la hora de usar la compresión y siempre verificar que el sonido final sea lo deseado.

Expansor (Expander)

El **Expansor** o **"Expander"** es un procesador dinámico contrario al compresor que en lugar de reducir el rango dinámico lo expande.

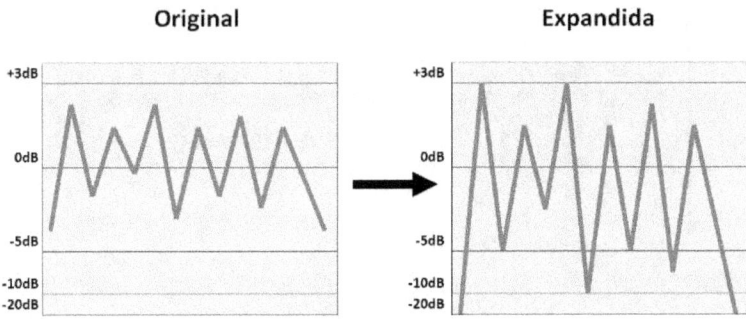

Podemos ver arriba que, al pasar por el expansor, una señal original se expande de arriba-abajo haciendo todo lo contrario de un compresor. Estos expansores usualmente se utilizan para disminuir o bajar el ruido a decibeles más bajos. Al expandir una señal, el ruido que habita en los valles de la onda bajan más. El resultado es menos ruido y un rango dinámico mayor. En la electrónica se utiliza mucho una combinación de un compresor con un expansor para enviar señales por líneas o medios ruidosos. Esta misma tecnología se utilizaba para reducir el ruido de las cintas magnéticas utilizadas para grabar audio. Esto se conocía como "Tape Noise Reduction".

Limitador (Limiter)

Los **limitadores** son compresores extremos que prohíben terminantemente que una señal cruce un límite de nivel o volumen establecido. Estos se utilizan para proteger equipos y evitar que señales lleguen a niveles dañinos.

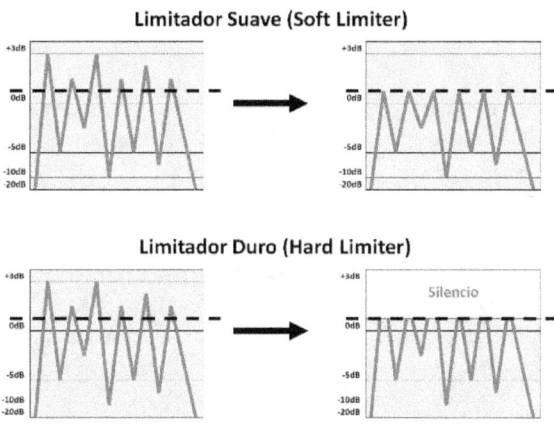

Podemos ver arriba un limitador suave (Soft Limiter). A su lado izquierdo tenemos el audio original con un alcance dinámico muy amplio que llega hasta los +3 dB. La línea entrecortada representa un control llamado "Threshold" o el **umbral del límite**. Como pueden ver a la derecha de este, el audio no puede pasar el límite establecido por el "Threshold". Este tipo de limitador suave se distingue porque suaviza los picos para crear menos armónicos y artefactos no deseados. El resultado final es una limitación más agradable para nuestros oídos. Debajo de este vemos un ejemplo de un Limitador Duro (Hard Limiter) en el cual el límite propuesto por el "Threshold" detiene cualquier pico que pueda cruzar de manera inmediata o drástica. Aunque puede crear armónicos, al menos garantiza que nada cruce el umbral o "Threshold" establecido.

Maximizador (Maximizer)

Los **Maximizadores** son una nueva generación de procesadores que, de manera experta, combinan limitadores, compresores, ecualizadores, entre otros procesos para producir que el volumen de una señal llegue a niveles más allá de lo esperado con un mínimo de ruido, distorsión o artefactos.

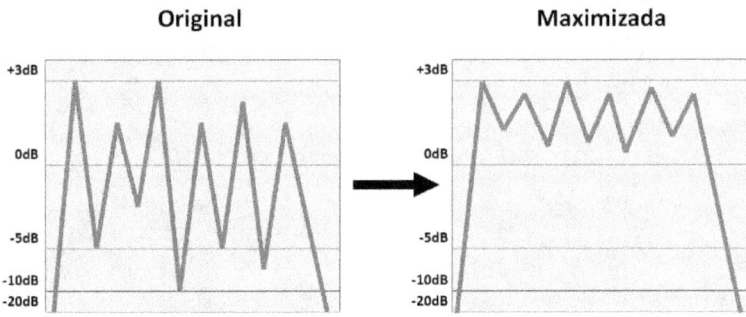

Estos se utilizan principalmente en los procesos finales de la producción del audio para subir su volumen sin sobre-modular y son de las herramientas más utilizadas en la masterización. Cabe señalar que algunos manufactureros han creado tecnologías similares que llaman **Infladores** (Inflators).

Compuerta de Ruido (Noise Gate)

Las **Compuertas de Ruido** o **"Noise Gates"** son utilizadas para apagar sonidos cuando bajan a cierto nivel o volumen. Esto los hace muy útiles para remover ruidos que están por debajo del sonido principal.

Compuertas de Ruido (Noise Gate)

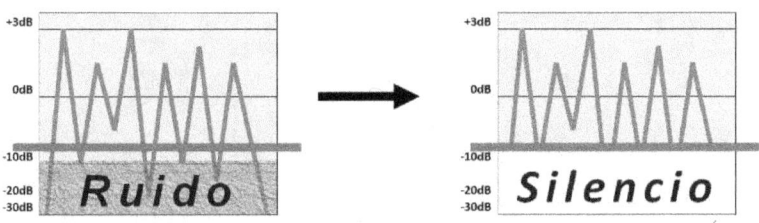

En el ejemplo de arriba vemos una señal con ruido por debajo de los -10dB. Este puede ser ruido ambiental o de ruido de algún equipo eléctrico (tal como un acondicionador de aire). Como ven este ruido marca parte de la señal dañándola. Para eliminar este ruido podemos colocar un "Noise Gate" ajustando el umbral o "Threshold" para hacer que este coloque silencio o haga un "Mute" en todo nivel por debajo de los -10dB. El resultado final será una señal sin ruido aparente. Otra manera de ver este procesador es como un "Mute" automático que se enciende cuando un sonido está por debajo de un umbral o "Threshold" predeterminado. Claro, si el ruido está muy alto no se puede remover ya que eliminaríamos toda la señal.

Delay (Delay)

El **Delay** es un procesador que graba una señal y la repite constantemente en tiempos predeterminados. Usualmente estos tiempos se miden en milisegundos y se van reduciendo con cada repetición. Esto crea un efecto muy similar a un eco.

Delay

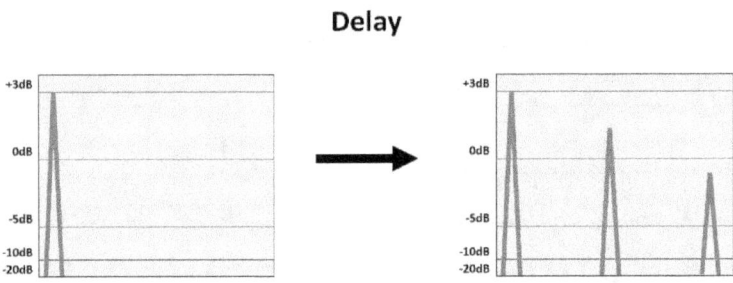

Este procesador depende mucho del Efecto de Haas o Precedencia. Si el sonido se repite casi inmediatamente lo interpretamos como un solo sonido con más cuerpo, pero si las repeticiones ocurren a más distancia sonará como un eco. El arte de esto es hacer que esta repeticiones sean musicales siguiendo el tempo de la canción. Como ya mencionamos, cada repetición debe bajar poco a poco para sonar como un eco natural.

Reverberador (Reverb)

El **Reverberador** es un conjunto de "delays" o repeticiones que ocurren en un cuarto cuando el sonido choca y rebota con las superficies. Esto ya fue mencionado anteriormente pero dada la importancia de este efecto sintético abundaremos un poco más.

Reverberador

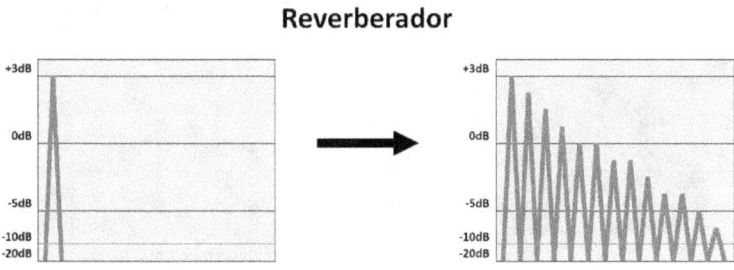

Las repeticiones creadas en un cuarto o emuladas en un procesador son utilizadas por nuestros oídos para determinar el tipo de cuarto donde se encuentra el sonido. En sí, la reverberación es una combinación compleja de muchas repeticiones, ecos o "delays". Este efecto ocurre mucho en iglesias, catedrales, teatros o cuartos grandes. A través de procesadores de señal digital podemos imitar estas repeticiones y crear espacios artificiales. Es importante aclarar que el "delay" y el reverberador son herramientas similares pero muy diferentes. A continuación repasaremos sus características y sus diferencias.

Diferencias entre Reverberación y Eco

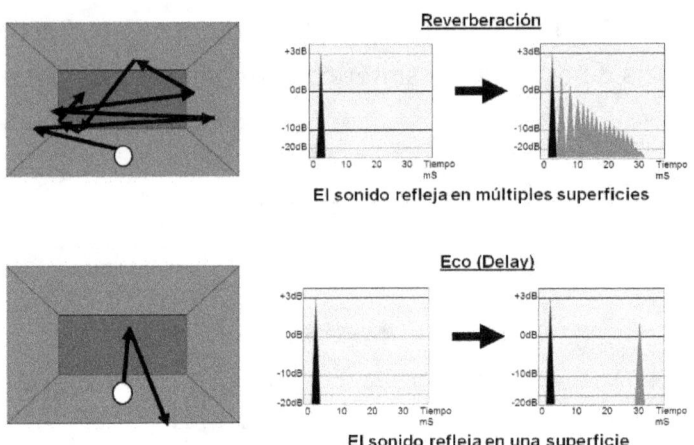

Como se ilustra arriba, tenemos un cuarto con un patrón complejo de repeticiones. El lugar del sonido es la pequeña esfera frente al cuarto (izquierda-arriba). El sonido que choca con las paredes y superficies del cuarto causa un patrón complejo de repeticiones. Ese patrón complejo se conoce como **Reverberación** (derecha-arriba). Sin embargo, debajo del ejemplo anterior vemos un cuarto con un sonido y una sola repetición que crea un reflejo solamente. Esto es lo que llamamos acústicamente como eco y en audio como "delay". A la derecha de cada ejemplo tenemos la gráfica que corresponde a los patrones de nivel y tiempo generados en cada ejemplo.

A continuación vemos una ilustración de la anatomía o las partes principales de una reverberación. Como se puede apreciar, un sonido inicial en un cuarto rebota con las paredes más cercanas y brinda a nuestros oído una idea del tamaño del cuarto.

Anatomía de la Reverberación

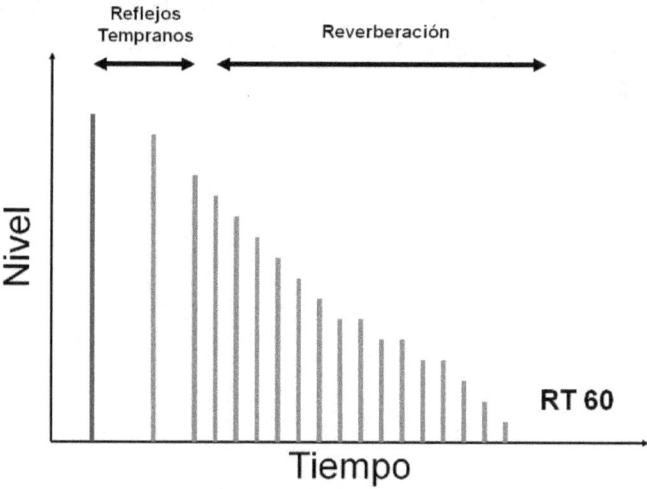

Estos primeros reflejos se llaman también **Reflejos Tempranos**. Luego de estos continúan los reflejos con todas las superficies del cuarto creando reflejos adicionales que continúan mientras van perdiendo fuerza y se atenúan. El tiempo de atenuación se mide hasta que la reverberación está 60dB por debajo del sonido inicial. En teoría la atenuación continúa más allá de esto pero el oído humano no utiliza esta información. Por lo tanto, usualmente se lleva hasta -60dB. Esto se conoce como **RT60** ("Reverberation Time" o Tiempo de Reverberación -60dB). La energía se atenúa 60dB y podemos concluir que el sonido terminó. El tiempo que toma para que la reverberación disminuya hasta -60dB nos brinda información sobre los materiales y el tipo de cuarto en el que estamos escuchando, por ejemplo, una iglesia, un closet, una sala o una cancha. El tiempo de reverberación o RT60 es proporcional al tamaño del cuarto, o sea, mientras más grande el cuarto mayor su tiempo de reverberación.

Muchos ingenieros llaman el RT60 por varios nombres como el rabo, o la cola de reverberación. Además, es muy común escuchar cómo nos referimos a un cuarto sin reverberación como un cuarto "Seco" y si tiene mucha reverberación extendida como un cuarto "Mojado".

Efecto de Coro (Chorus)

El "**Chorus**" o **Efecto de Coro** es un procesador que repite un sonido igual que un "delay", la diferencia es que mantiene las repeticiones muy cerca de la señal original en tiempo. Esto crea la impresión de que el sonido está acompañado por varias copias de sí mismo. Si el sonido es una sola voz, esta sonaría como un coro de las mismas voces en unísono. El "Chorus" se utiliza para hacer sonidos más grandes en las mezclas o para crear efectos de coros de instrumentos electrónicamente.

Chorus

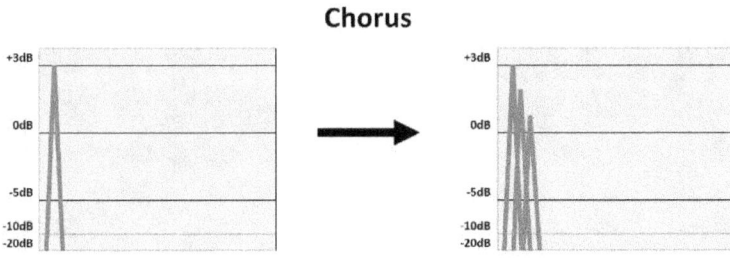

Arriba vemos a la izquierda la señal original y a la derecha la señal después de pasar por un "chorus". A la derecha pueden observar que la señal original está acompañada de copias de sí misma muy de cerca. Algunos procesadores de "chorus" se han elaborado con controles para cambiar el tono de las repeticiones y ajustarles el tiempo y el nivel de cada una.

Phaser (Phaser)

Los **"Phasers"** copian un sonido similar a un "delay" y luego lo atrasan en tiempo de forma muy minúscula para alterar la fase de una onda y la otra. Esto crea un efecto extraño como algo robótico o de ciencia ficción. Este es un efecto común en las guitarras eléctricas y a veces se usan para crear sonidos surrealistas en voces y otros instrumentos.

Phaser

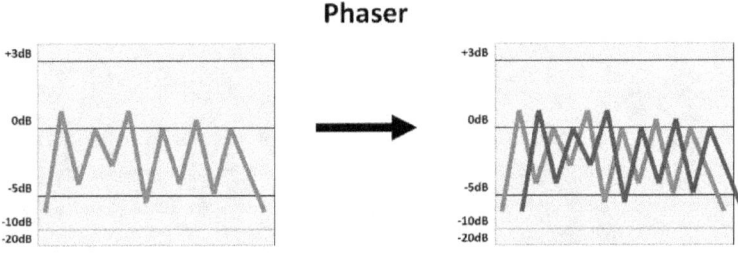

En la ilustración de arriba vemos una señal original y cómo esta se acompaña por una copia de si misma pero fuera de fase para crear el efecto de "phaser" ya mencionado.

Flanger (Flanger)

El **Flanger** es un efecto de "phaser" en el cual, de manera rítmica, la fase está cambiando cíclicamente dentro y fuera de fase. Este efecto es muy común en las guitarras eléctricas y a veces se utiliza en voces u otros instrumentos musicales para crear efectos espaciales y surrealistas.

Flanger

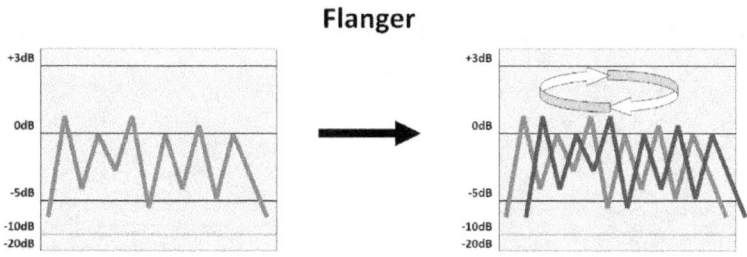

Como podemos ver arriba, la señal u onda se copia y la copia se mueve dentro y fuera de fase de manera cíclica para crear el efecto de "Flanger". Casi todos incluyen un control para manipular el tiempo del movimiento cíclico que ocurre. De esta manera los cambios pueden ser musicales.

Saturadores de Tubo (Tube Saturators)

En el mundo de la electrónica existen diversas maneras de amplificar señales. Una de las primeras se logró haciendo uso de transistores de tubos al vacío. Por un tiempo estos fueron sustituidos por semiconductores pero volvieron a utilizarse debido al sonido peculiar de los tubos. El tubo usualmente genera armónicos, pequeños ruidos y distorsiones que controladamente pueden ser útiles y placenteros al oído humano. Por tal motivo, muchas compañías han creado procesadores que utilizan tubos o los emulan para dar más personalidad o carácter a un sonido.

Tube Saturator

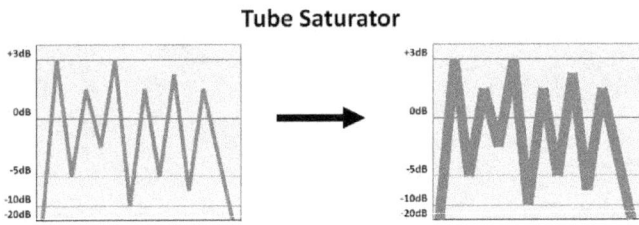

En la ilustración tenemos una señal original y podemos ver cómo esta cambia a la derecha tras pasar por un **Saturador de Tubo**. Se puede ver que la señal se vuelve más robusta, intensa y llena de armónicos adicionales y crea un efecto similar a colocar una letra en **BOLD**. Como podemos apreciar, el sonido se acentúa gracias a este efecto. Algunos ingenieros tienen consolas completas hechas de tubos para obtener este efecto en sus producciones. Otros simplemente pueden utilizar algún "plugin" digital que emule este efecto para realizar una mezcla.

Compresión-Expansión de Tiempo
(Time Compression-Expansion)

El proceso de **Compresión de Tiempo** usualmente está incluido en muchos programas de Audio Digital o DAW (Digital Audio Workstation). Estos pueden alargar o acortar la duración de un sonido. Por ejemplo, podemos alargar un audio de 26 segundos a 30 segundos. Esto es útil para ajustar un anuncio de radio a la pauta de 30 segundos. También podemos alargar una nota sostenida de un cantante o instrumento musical para dar la impresión de una destreza o talento superior. Lo interesante es que el tono de la voz o del instrumento no se afecta por lo que el sonido dura más o menos sin afectar su tonalidad o calidad perceptible protegiendo los formantes originales.

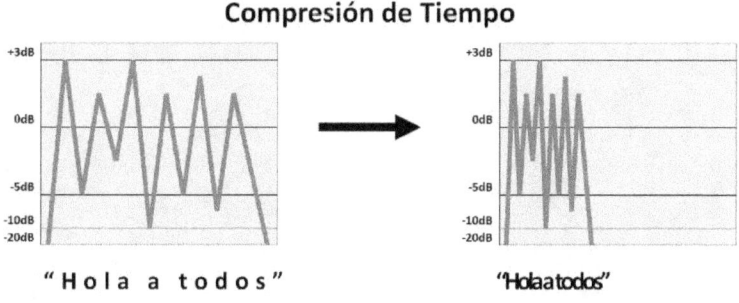

Compresión de Tiempo

"Hola a todos"   "Holaatodos"

Arriba vemos el ejemplo de una onda que es reducida o comprimida en tiempo. Las palabras "Hola a todos" en la parte inferior es un ejemplo visual.

Emulador de Cinta Magnética (Tape Emulator)

Al igual que las tecnologías de saturación de tubo y su sonido particular, los ingenieros de sonido mencionan mucho el sonido de grabar en cintas magnéticas. En el pasado estas cintas magnéticas se utilizaban para grabar todo, pero su uso fue desapareciendo con las grabadoras digitales. Como resultado, las compañías comenzaron a crear productos que copiaban las características de grabadoras y cintas magnéticas pero en el mundo digital. Lo que ocurre internamente puede ser un conjunto de procesos análogos, magnéticos, velocidad de cintas, mini alteraciones en la velocidad de cinta (Wow-Flutter), ruidos, distorsiones armónicas, cambios en temperaturas, componentes internos de los circuitos, etc. Como pueden notar, el proceso de hacer estas emulaciones es muy complejo, pero los expertos han elogiado los resultados recientes.

Removedor de Ruido (Denoiser)

Los "**Denoisers**" son diferentes procesos que pueden, hasta cierta medida, remover o limpiar el ruido de una grabación. No son perfectos pero sí funcionan en la mayoría de los casos. En cine y televisión son muy útiles para reducir o eliminar completamente ruidos ambientales en entrevistas, ruidos de amplificadores ruidosos o ruidos de equipos de poca calidad. Es importante mencionar que son diferentes a los "noise gates" que simplemente apagan el volumen de cierto punto hacia abajo o el "expander" que baja el ruido estirando el alcance dinámico. El "denoiser" literalmente analiza una muestra del ruido que será removido y se lo resta del audio que deseamos limpiar.

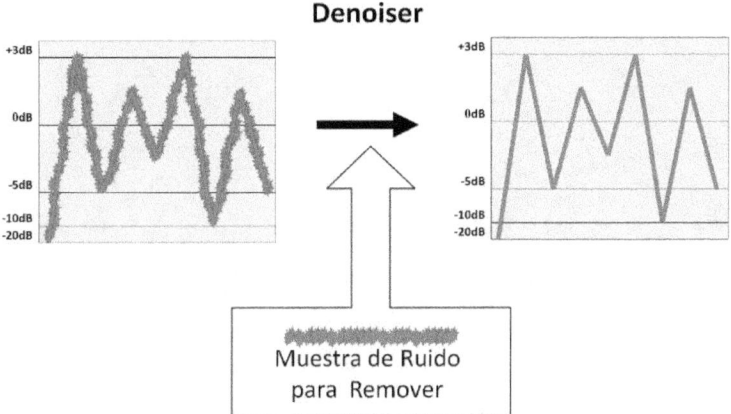

Arriba podemos apreciar una señal original con ruido. Si analizamos una muestra del ruido solo, podemos entonces restar o remover el mismo de la onda original lo que deja finalmente la señal limpia.

Es importante recordar que para hacer esto eficientemente debemos tener una muestra del ruido que será removido. Por esta razón, muchos ingenieros graban segmentos de silencio en sus sesiones para captar el ruido ambiental de la sesión y utilizarlo más tarde en un "denoiser". El "denoiser" solo necesita una muestra de un segundo o dos para hacer su trabajo.

Pitchshifter (Pitchshifter)

Los "**Pitchshifters**" cambian el tono de un sonido sin alterar el tiempo del audio. Esto tiene sus límites razonables ya que un sonido se puede alterar hasta el punto que deja de sonar natural. Es importante mencionar que nuevos avances tecnológicos están constantemente redefiniendo los límites y se han creado procesadores que hoy realizan lo imposible hace años atrás.

Pitchshifter

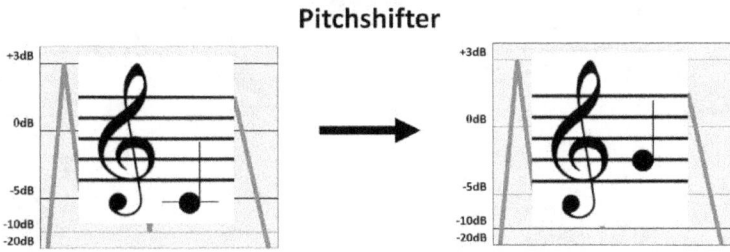

Pueden observar cómo el tono musical de la señal es subido de Do a Sol, un intervalo musical de una quinta más alta. Con este tipo de procesamiento podemos cambiar el tono de un segmento de audio o música.

Harmonizer (Harmonizer)

El **Harmonizer** se compone de varios "pitchshifters" utilizados paralelamente para hacer armonías. Con estos podemos tomar un sonido y crear una armonía automáticamente.

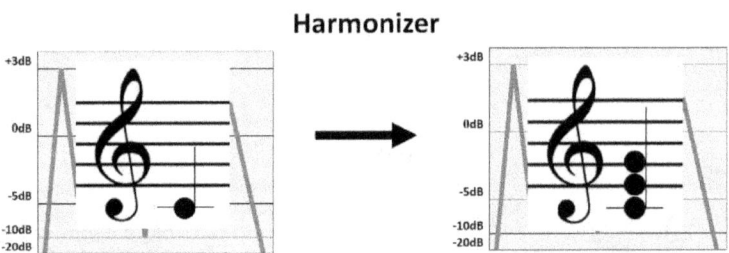

En el ejemplo ilustrado vemos una señal o nota musical de Do a la que al pasar por el "harmonizer" se le añaden dos notas simultáneas de Mi y de Sol. Esto crea un acorde o triada musical de Do Mayor (Do-Mi-Sol). Estos se utilizan usualmente para hacer un coro armonizado de voces con una sola voz o para armonizar algún instrumento acústico o eléctrico de manera automática.

Acentuador de Bajo (Bass Enhancer)

El **Bass Enhancer** es muy interesante ya que usualmente hace un análisis de "fourier" y sube o acentúa los sub-armónicos encontrados. En algunos casos puede tratar de producir sub-armónicos adicionales creando el efecto de añadir bajo o frecuencias bajas a un sonido. Los **Bass Enhancers** se utilizan a veces en música urbana para fortalecer el bajo de ritmos sintetizados u otros sonidos. En la figura de abajo se puede apreciar un ejemplo de un análisis de un sonido (Frecuencia Fundamental) en el que luego se acentúan los sub-armónicos para crear la sensación de más bajo de donde no existía.

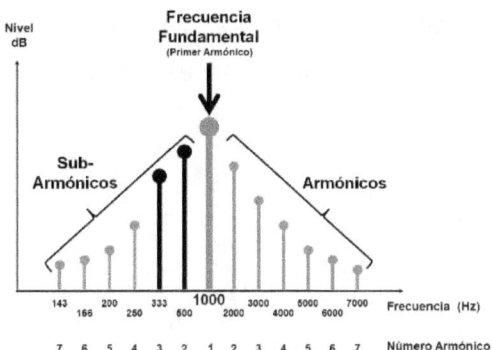

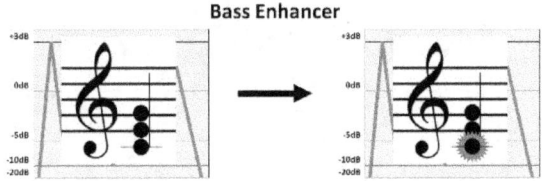

Acentuador Espectral (Spectral Enhancer)

El **Spectral Enhancer** trabaja muy similar al "bass enhancer". Este también hace un análisis de "fourier" buscando los armónicos y los formantes de una señal para luego acentuarlos o subirlos y hacer que un sonido suene más claro y definido. Esta es una herramienta de masterización que hace que una canción suene "mejor". Abajo tenemos una ilustración de un análisis realizado por un "sprectralizer" o "spectral enhancer" buscando los armónicos principales y acentuándolos para mejorar el audio. Esto mismo se puede hacer con un ecualizador pero es más trabajoso. Estas herramientas vienen en múltiples versiones con modificaciones y aditamentos. Entre otras tenemos los Spectralizers, Enhancers, Vitalizers, Character y Exciters. Como todo procesador de audio, los resultados siempre tienen sus límites.

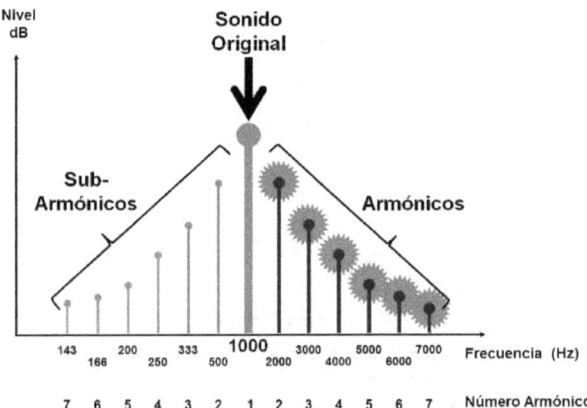

Arriba podemos apreciar cómo el spectralizer, luego de un proceso FFT, busca los armónicos y los acentúa según lo establecido por el ingeniero del audio.

Phase Shifter (Phase Shifter)

El **Phase Shifter** es simplemente un procesador que adelanta o atrasa una señal en tiempo para alterar su fase. Estos son muy útiles para corregir los errores de fase que pueden causar distorsión creativa o destructiva cuando se combina con otras señales. Abajo vemos un ejemplo en donde la señal se mueve hacia la derecha.

Phase Shifters

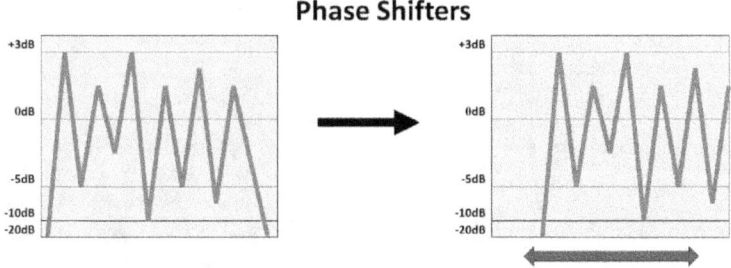

Time Aligner (Time Aligner)

Los **Time Aligners** son Phase Shifters que pueden realizar compresión-expansión de tiempo. Con esta combinación podemos lograr que dos señales puedan sincronizarse entre sí haciendo que los sonidos empiecen y terminen al mismo tiempo.

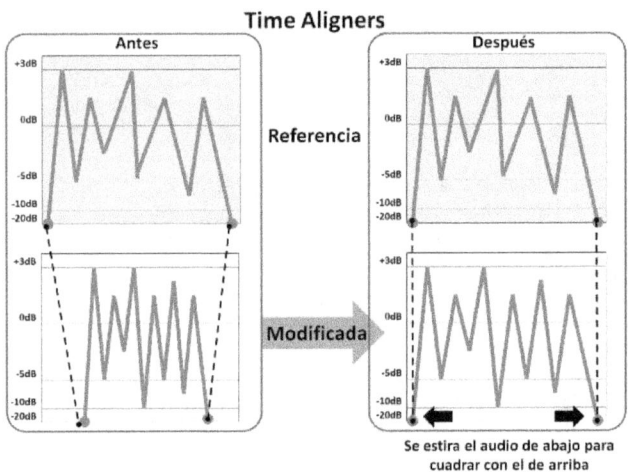

A la izquierda vemos dos señales que comienzan y terminan en diferentes momentos. A la derecha tenemos, tras pasar por el "time aligner", que la señal de abajo (modificada) se ajustó para sincronizar su principio y final al de la señal de arriba. Estos procesadores se utilizan para alinear múltiples voces o instrumentos musicales para que suenen más juntos. Así es como se logran unos coros perfectos en música popular. También sirven para sincronizar doblajes o voces grabadas para video y lograr que los reemplazos corregidos sincronicen con el audio original del pietaje de video.

Declicker-Depopper (Declicker-Depopper)

Los **Declickers** y **Depoppers** son procesadores que buscan transientes que tienen características sonoras de un "click" o un "pop" y los remueve para limpiar una señal con estos problemas. Usualmente se utilizan como herramientas para restaurar producciones viejas o para limpiar en el proceso de masterización. Esto es muy común en producciones que provienen de discos de vinilo. Abajo podemos apreciar un ejemplo de un "click" o "pop" en una señal original que luego pasa por el procesador y vemos cómo se remueve el artefacto no deseado.

Declicker - Depopper

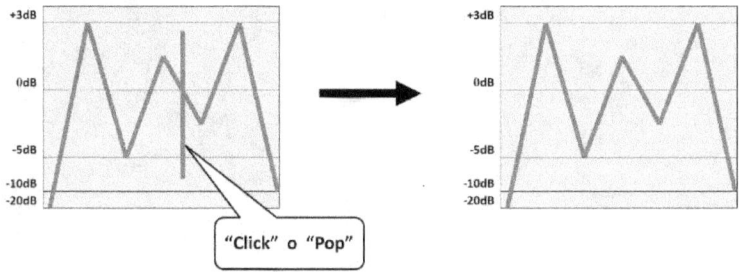

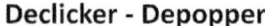

Normalizador (Normalizer)

El **Normalizador** o **Normalizer** es un procesador que rastrea toda la señal en busca del pico más alto, tras determinar ese pico, el "normalizer" sube proporcionalmente toda la señal hasta ese punto. Este es usualmente 0dBu o un poco menos. Como notamos en el ejemplo de abajo, a la izquierda tenemos la señal original analizada. La flecha identifica el punto más alto y sube toda la onda hasta llevar el punto más alto o 0dBu como se ilustra a la derecha. Esto logra que el audio suba a su nivel más alto sin sobre-modular o distorsionar.

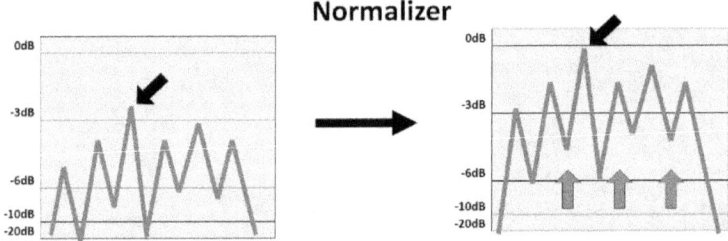

Normalizer

Sound Replacer (Sound Replacer)

El **Sound Replacer** es un sistema experto de procesamiento que se programa para identificar el principio o el ataque de una señal. Una vez hace esto, el sistema utiliza un sonido que tiene guardado y lo utiliza para colocarlo encima de estos puntos de ataque. El resultado final es reemplazar un sonido por otro aprovechando el "Efecto de Masking". Hoy día esto se hace con sonidos de baterías grabadas. En estas producciones utilizamos la grabación de una batería para activar otro sonido predeterminado y crear el reemplazo final. Esto puede efectivamente arreglar con mejores sonidos una batería mal grabada.

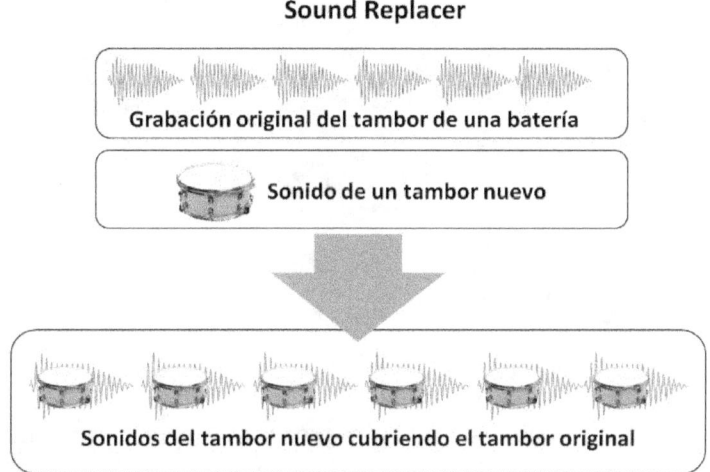

Sound Replacer

Grabación original del tambor de una batería

Sonido de un tambor nuevo

Sonidos del tambor nuevo cubriendo el tambor original

Arriba tenemos una grabación de un tambor y un sonido de un tambor "snare" nuevo para el reemplazo. Cuando utilizamos el "sound replacer", este, cada vez que detecta un ataque, coloca encima del original el sonido del tambor nuevo en la grabación. Con el "efecto de masking" logramos sonoramente reemplazar un tambor por otro y mejorar la grabación.

Modulador – Vocoder (Modulator – Vocoder)

Los **moduladores** se utilizan para moldear una señal tomando como modelo otra. Esto es particularmente efectivo para crear efectos especiales debido a que se puede lograr que un sonido controle a otro de forma tal que se puede hacer que una guitarra hable, que un violín cante como un humano, o cualquier otra combinación. Entre los más conocidos de estos procesadores está el **Vocoder**. Este es más complejo ya que utiliza analizadores de frecuencias, formantes, amplitudes para realizar un efecto sintetizado que combina un instrumento musical con una voz humana.

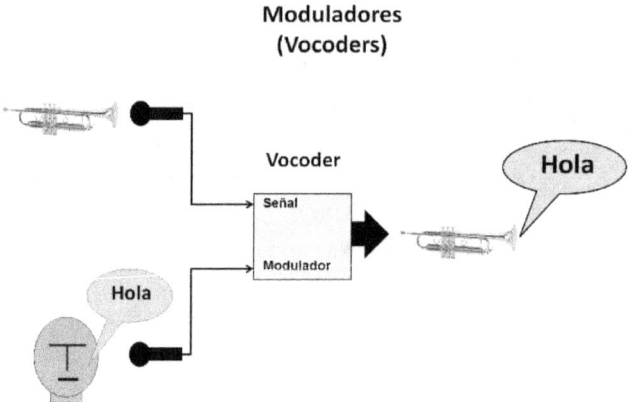

Arriba a la izquierda vemos una trompeta que suena un tono constante y a una persona diciendo "Hola". La trompeta entra al "vocoder" por la entrada de señal y la voz humana entra por la entrada del modulador. El "vocoder" analiza ambas señales y las combina para crear el sonido de una trompeta que habla diciendo "Hola". Este efecto se ha utilizado desde los años 1950 para crear efectos especiales en cine, televisión, música y radio.

Corrector de Tonos (Pitch Correctors)

El **Pitch Corrector** en un procesador que ha creado controversia por muchos años ya que afina y corrige la tonalidad de un cantante u otro instrumento musical. Esto puede realizar efectivamente una voz perfecta en grabaciones imperfectas y su uso excesivo ha creado una nueva generación de cantantes que no cantan. Recientemente esto se ha convertido en la norma de la industria de la música popular. Este procesador compara una señal o grabación con el tono de la canción para así realizar correcciones en tiempo real en la ejecución musical de un talento.

Pitch Correctors

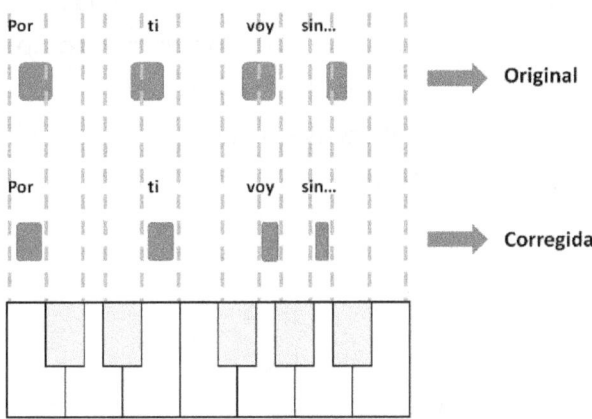

Como podemos apreciar en la ilustración de arriba tenemos un piano dibujado y unas líneas entrecortadas para marcar los límites de cada tono. En la parte superior tenemos un cantante que grabó la melodía original. Podemos ver que las notas están cruzando las líneas lo cual demuestra que el cantante no está afinando. En la parte inferior notamos cómo el "Pitch Corrector" ajusta las notas del cantante y las coloca dentro de los límites tonales. Ahora la voz del cantante está afinada y la toma es perfecta.

Conclusión

Los procesadores presentados en este capítulo son algunos de los principales instrumentos de trabajo en la Producción de Audio y Música. En la actualidad estos procesadores se combinan de maneras muy ingeniosas dentro de programas computadorizados y equipos físicos.

Si busca algún nuevo procesador y no lo encuentra en este texto, es muy probable que sea resultado de una nueva combinación de las técnicas y procesos ya mencionados. En resumen podrán observar que la nueva generación de herramientas son casi siempre combinaciones de herramientas "viejas" o de los procesos ya explicados aquí. Con este conocimiento notarán que a pesar de los cambios rápidos en esta industria podrán mantenerse al día con las nuevas herramientas y, ¿quién sabe?, crear sus propias en un futuro.

Índice Alfabético

BIBLIOGRAFÍA

Aldrich, N. (2004) *Digital Audio Explained for the Audio Engineer*, Sweetwater Sound: IN

Alldrin, L. (1997) *The Home Studio Guide to Microphones*, Mix Books: California.

Anderton, C. , B. Moses & G. Bartlet (1994), *Digital Projects for Musicians*, AMSCO Pub.: N.Y.

Anderton, C. (1980) *Electronic Projects for Musicians*, AMSCO Publications: N.Y.

Benade, A. (1976) *Fundamentals of Musical Acoustics*, Oxford University Press: N.Y.

Cooper, J.(1996) *Building a Recording Studio (5thEdition)*, Synergy Group Inc.: California.

Davis, G. & Jones, R. (1989) *Sound Reinforcement Handbook (2nd Edition),* Hal Leonard Corp.: Milwaukee

De Santis, J. (1997) *How to Run a Recording Session* , Mix Books: California.

Dickreiter, M. (1989) *Tonmeister Technology*, Temmer Enterprises Inc: N.Y.

Everest, A. (1997) *Critical Listening and Auditory Perception*, Mix Books: California.

Everest, A. F. (1994) *The Master Handbook of Acoustics(3rd Edition)*, TAB Books: N.Y.

Gallagher, M. (2007) *Acoustic Design for the Home Studio*, Thomson Course Tech.: Boston MA

Gallagher, M. (2009) *The Music Tech Dictionary*, Course Technology: Boston MA

Gibson B. (2007) Recording Method: Books 1-6, Hal Leonard: N.Y.

Gibson, D. (1997) *The Art of Mixing*, Mix Books: California.

Hubber D. & Runstein R. (2010) *Modern Recording Techniques* (7th Edition), Focal Press: Oxford

Lubin T. (2010) *The Microphone Book*, Course Technology: Boston MA

Mclan, P., & Wichman,L. (1988) *The Musician's Guide to Home Recording*, Linden Press/Fireside: N.Y.

Metzler, B. (1993) *Audio Measurement Handbook*, Audio Precision Inc.: Oregon.

Miles, D. & Williams, P. (1998) *Professional Microphone Techniques*, Mix Books: California.

Moore, F. R. (1990) *Elements of Computer Music*, Prentice Hall: N.J.

Petersen, G. (1998) *Modular Digital Multitracks*, Mix Books: California.

Pierce, J. R. (1983) *The Science of Musical Sound*, Freeman Press: N.Y.

Rumsey, F. (1991) *Digital Audio Operations*, Focal Press: London.

Side, A. (1995) *Allen Side's Microphone Cabinet (CD ROM)*, : Cardinal Business Media Inc.: California.

Thomson, D. (2005) *Understanding Audio*, Berklee Press: Boston M.A.

Utz, P. (1989) *Recording Great Audio*, Quantum Publishing Company: California.

Watkinson, J. (1994) *The Art of Digital Audio*, Focal Press: Oxford.

Wilkinson, S. (1998) *The Anatomy of a Home Studio*, Mix Books: California.

DATOS SOBRE EL AUTOR

El Prof. Emanuel F. Gutiérrez es Catedrático Asociado del Departamento de Comunicación Tele-Radial de Universidad de Puerto Rico Recinto de Arecibo. Estudió Tecnología Musical (Tonmeister) en la Universidad de Nueva York (NYU) donde tuvo la oportunidad de o clases para el Departamento de Tecnología Musical. También es Productor Musical, Compositor, Consultor de Ingeniería de Sonido, Diseñador de Estudios de Grabación y frecuentemente ofrece charlas y seminarios avanzados de Producción y Tecnología Musical. Para más información lo pueden contactar a través de sus páginas web:

www.lacienciadelsonido.com
www.ema-recording.com

www.ingramcontent.com/pod-product-compliance
Lightning Source LLC
Chambersburg PA
CBHW051509170526
45166CB00001B/447